收納・
設計
基礎課

HOW TO GOOD AT

STORAGE

DESIGN

CONTENTS

CHAPTER 1　關於收納，你該懂的這些事

CHAPTER **2**　家的收納，你可以這樣做

▶Point1 從專家思維了解居家收納

CHAPTER **3**　**空間實例**

CHAPTER

1

關於收納，
你該懂的這些事

Point 1

收納與空間的關係

空間是生活的容器，承載了人的行動軌跡，但在生活過程中多多少少會使用到一些器具物品，將這些器物好好整理、收藏、備用就是收納規劃的重點。而為了讓生活更便利，東西最好能隨手可拿、隨手可收，因此，收納與空間的關係極為密切，而收納動線是否得宜也會大大影響成效。

空間設計暨圖片提供｜木介空間設計

01　　　　　玄關 ENTERANCE

整潔、好收納，
讓迎賓門面不失禮

空間設計暨圖片提供｜構設計

玄關被稱為落塵區，因為這裡除了是出入的轉圜區，也是從戶外進入室內的結界區，希望盡量能將外界髒污、細菌、風險攔截在這裡。此外，這裡更是家門第一印象，所以必須兼備有美觀、風格與機能等多面向設計。而其中最重要的設計，就是收納機能，以避免因規劃不良，造成入門後東西不容易順手歸位，日子一久就易導致場面混亂。

　　想讓玄關好好地迎接家人或客人，保持清爽是最基本的，因此，收納設計相當重要。如何規劃呢？可以從自家格局與需求來考量，一般玄關收納基本款就是鞋櫃、小物收納的檯面與置放雜物的斗櫃。如果想要進階版則可以配置玄關椅；家裡有小孩或老人，可考慮增加方便外出的兒童推車或輪椅的收納空間，或戶外使用的高爾夫球具、自行車等，避免讓外面的髒污深入居家。若玄關格局夠大，也可考慮直接打造儲藏區來與室內收納銜接，讓行李箱、吸塵器、除溼機等清潔用具，或是較少使用的換季備品等，一起規劃在玄關周邊的收納區，進而整合出更有規模的儲藏室。

善用夾縫空間創造高收納力

　　玄關格局小、可用空間不多，因此，如何找到更多空間來增加收納量就是最大任務。如果仔細巡視玄關周邊，會意外發現其實還有很多畸零、死角或遺漏未利用的空間。首先，現成鞋櫃或系統櫃因為有固定尺寸，可能會讓玄關有剩餘夾縫，這個地方千萬別浪費，可以利用縫隙櫃來做收納，將夾縫空間做成雨傘櫃。如果是系統櫃可利用櫃子與天花板空間做疊櫃，下方若有空間也可做抽屜櫃來放鞋油、清潔劑等。但缺點

是空間做滿可能有壓迫感，應事先評估。另外，玄關牆面常被電箱、柱體等結構阻礙，造成鞋櫃深度不足，可考慮將較窄的區域做成薄櫃放置小孩或女鞋，較深處做成男鞋或運動鞋櫃，依尺寸區分讓空間做最佳利用；若有較寬的區域則可做成內外雙層鞋櫃，讓收納量增倍。有許多人想在玄關規劃穿衣鏡，除了利用牆面、櫃門內側，也可利用夾縫做拉出式鏡面，只需約10cm寬就能完成。

利用收納小物增加整齊度

玄關難免有各種鑰匙、酒精噴霧罐、鞋拔之類的小物，爲求方便總是隨手取放，但直接放在檯面上顯得很亂，可藉由一些收納小物幫忙，例如用小籃子或格子盤來置放。

另外，玄關區也可規劃一些斗櫃、抽屜櫃，用來放襪子、面紙或出入需要的物品，有些家庭會將信件、印章、留言紙條、筆放在抽屜裡，這些不規則的物品也可以利用合適的收納盤來輔助收整齊。

至於鞋櫃內部想更整齊可以利用鞋盒做收納，並拍好鞋子照片貼在鞋盒外方便找尋。若想收更多雙鞋子除了可以利用360度旋轉鞋架來增加收

單面採光的客廳以洞洞板、鐵件來設計實用、通透的玄關端景，既滿足置物平台、抽屜等收納需求，也保留探光。

▪ 空間設計暨圖片提供｜爾聲設計

先以玻璃屏風維持客廳隱私性，再用寬高 150×260cm 的玄關櫃遮隔後方餐區，櫃內則以旋轉鞋架及抽屜櫃提升收納量。

▪ 空間設計暨圖片提供｜構設計

在沒有玄關的大廳，運用左牆櫃與右電視牆圍塑出廊道式玄關，並延伸至窗邊座榻，搭配榻下櫃增加更多收納區。

▪ 空間設計暨圖片提供｜爾聲設計

納量外，簡單一點也可利用交叉式鞋架，讓鞋子交錯擺放來提升收納數量。

收納兼裝飾性的玄關設計

　　前面提過玄關也是門面，因此，美化設計也很重要，可以運用置物檯面來擺設端景，同時端景牆面或是玄關側牆就可用洞洞板或是籃網板配合吊桿設計，用來收納包包或帽子，也能放照片、飾品、植栽等增加居家綠意生氣；此外，還可選購漂亮的北歐風彩色收納掛勾來裝飾牆面，同樣能增加收納量。

實例應用

封閉式收納強化玄關俐落

灰樸磨石子地與鏡櫃交映點綴素色玄關,也讓落塵區好清理。鏤空間距創造出穿鞋椅,輔以圓弧邊角的柔潤,及封閉式系統門板的簡潔,更確保了入門視線的清爽。

▪ 空間設計暨圖片提供︱木介空間設計

走道玄關收納、端景與採光全兼顧

原本沒有玄關格局的出入區,先利用鞋櫃、端景抽屜櫃與導圓高櫃隔開客廳,並營造出走道式玄關,這樣設計除了有了鞋物收納區,抽屜櫃與端景平台則可放置鑰匙小物,搭配上方洞洞板可吊掛盆栽,還能讓光源引入客廳。

▪ 空間設計暨圖片提供︱爾聲設計

玄關增設衣櫃，擴增便利性

玄關正好與廚房相鄰，順勢安排衣櫃與穿鞋台面，自然劃分出玄關領域的同時，也增進換鞋、收納外出衣物便利性。在櫃體間藏入玻璃滑門，能巧妙遮掩直視客廳的尷尬。對側沿牆安排懸浮鞋櫃，中央鏤空，則能放置隨身鑰匙、信件。

▪ 空間設計暨圖片提供│拾隅設計

平台抽屜收納小物、妝點生活感

玄關入口從生活返家與外出動作作為收納設計思考，平台、抽屜收整小物、信件與鑰匙等，搭配業主的美感佈置展現生活感，鞋子部分則透過大型櫃體讓視覺上較為整齊俐落。

▪ 空間設計暨圖片提供│十一日晴空間設計

L 型轉角櫃局部開放更好拿取

原有住宅即擁有完整寬敞的玄關尺度，利用牆面規劃 L 型櫃體滿足鞋子、衣帽等需求，櫃體懸空設計降低沉重壓迫性，同時轉角處搭配開放層架形式，相較封閉櫃較好拿取、提高利用率，左側則輔以活動家具櫃體，作為隨身小物的收納。

▪ 空間設計暨圖片提供│十一日晴空間設計

獨立牆面製造迴游動線暗藏儲藏區

從玄關進入空間後，藉由電視牆開展兩道動線，構成能自由走動的迴游動線，一條通往公領域的客餐廳，一條直通主臥，通往主臥的走廊與電視牆背後整合形成收納儲藏區，另一面較大的儲藏室採軟質布簾，提升廊道空間舒適度。

▪ 空間設計暨圖片提供│日作空間設計

複合式鞋櫃收整各式外出用品

挑高住宅坪數寬敞，玄關入口處設置一道懸空複合式鞋櫃，依著動線包含有洞洞板可懸掛軟性物件，座椅底下則規劃小抽屜收納小物，再往內走還包含開放式衣帽櫃，隨手掛置常穿的外套、包包。木質選擇以樺木夾板染深色處理，特殊色調營造沉穩感之外，與古都台南的復古氛圍亦十分吻合。

▪ 空間設計暨圖片提供│十一日晴空間設計

頂天玄關櫃收鞋、也能放換季雜物

在原本沒有玄關的出入格局，先以深 55cm、寬 186cm、高 280cm 的玄關櫃來
解決鞋物收納，同時搭配玄關椅及小開放櫃來變化造型，也避免櫃體感覺過於
沉重。鞋櫃上端的櫃子因為較高，主要用來收放不常用的換季物品。

▪ 空間設計暨圖片提供│構設計

寬敞玄關區滿足進出家門收納需求

從事醫護工作的夫妻，需要一個功能齊全的玄關，入門
右側角落規劃物品暫放區收納包包、帽子等物品，面對
大門的獨立空間，可以放置鞋子、雨具等雜物，採用波
紋玻璃材質模糊雜亂的物品，視覺上也較為輕盈，減少
入門後的壓迫感。

▪ 空間設計暨圖片提供｜日作空間設計

新增儲藏空間，滿足大量收納

由於玄關格局的限制，有著狹長廊道的問題，因此沿牆
安排置頂高櫃，滿足大量收納，而部分櫃體採用開放層
板，方便隨手放置小物之餘，也能減輕視覺的沉重感。
廊道盡頭則增設儲藏室，嬰兒車、機電設備都能收納完
善，解決大型物品的儲物問題。

▪ 空間設計暨圖片提供｜拾隅設計

02　客廳 LIVING ROOM

擴展尺度整併收納
創造廳區氣勢

空間設計暨圖片提供｜木介空間設計

客廳之於住宅空間而言，既是待客門面，也是家人匯聚交流的主要場域。也因為這樣的特性，在規劃廳區收納時，除了重視規整的方便性及收納量外，亦可將電視牆與沙發背牆的設計尺度加大些，不只能藉此勾勒大器感，亦能讓物件整併於一處方便查找，令端景視效更簡潔。

開放式空間蔚為主流，因此許多住家在規劃時，就已經有了減少隔牆好令視覺跟採光通透的常識。而客廳的角色無可避免地會與玄關、餐廚及書房間產生密不可分的連結，因此在思考客廳前、後主牆的收納時反而更該單純化，避免與相鄰機能區產生焦點爭鋒的疑慮。

內外銜接可藉儲藏室整合

玄關是入門後第一個接觸到的區域，也往往會決定空間第一印象。但目前空屋設計常是開門視線直透到底；不只讓暫留區少了緩衝感；也有穿堂煞問題。普遍解法多以增加霧面或壓花玻璃隔屏來保留採光、遮擋視線，或是直接利用高鞋櫃來阻擋兼滿足收納。除了上述手段，其實透過規劃一間儲藏室來分界也是不錯的選擇。儲藏室本身就具備彈性儲物功能，設於玄關與客廳交界處，不論用來掛外套、收納雨具或交通裝備都很方便，兩側外牆又可分別讓玄關及客廳利用成為端景，是統整複合機能的好幫手。

簡化收納讓觀影視野更聚焦

進入客廳後，電視牆往往是焦點所在。在立面的設計上可以留出較

多餘裕來避免大量櫃體造成壓迫感；電視下方可藉懸空或非懸空的長條型櫃體做收納，除了線條上更俐落，還能強化層次感、增加檯面利用。

另一種獨立型的電視牆多半會以矮牆或是雙面櫃的方式呈現；若再搭配迴圈型路徑，就會讓空間更敞朗、動線更流暢。獨立櫃牆既可達到分野目的，也能將管線暗藏於牆櫃之中提升清爽；加上視線穿透，故會與另一區端景形成掩映成就不同空間表情。此外，側牆也可安排臥榻或矮櫃收納，補足機能同時減少對主牆的干擾。

整體性與延伸感是背牆收納重點

沙發背牆是客廳另一個重點。若要畫面簡潔，封閉的門片櫃是理想選擇；若想方便取用兼作展示，那開放格櫃或層板都是常見手法。不論是哪種選擇，建議將其尺度拉大變成櫃牆，或藉由造型手法統合成一個整體，畫面會顯得更大方。

若是與其它空間有穿透連結，收納的重點就要挪移至後方的區塊內，背牆的設計反而要著重在空間感的延伸，例如：清玻璃隔間，或是造型的氣氛營造，例如：加上拱型窗或格柵。

獨立型電視牆既可劃分機能區，也能將管線暗藏其中；加上視線穿透與另一區端景形成掩映，可增添空間表情變化。

▪ 空間設計暨圖片提供｜木介空間設計

儲藏室量體較大，設於玄關與客廳交界處做彈性調度再適合不過。兩側外牆又可分別利用，可說是統整機能的好幫手。

▪ 空間設計暨圖片提供｜木介空間設計

也正是因為客廳的核心功能在於待客、聚會、交流，所以將收納實用往目的性更強烈的區塊作安排，反而能讓客廳更好地肩負起門面責任。

收納對於住家而言確實是不可或缺，但在爭取坪效的過程中，有時會忽略了身在其間的舒適度與呼吸感。透過釐清客廳功能的核心目的，以及了解與其他區域間的銜接方式，可以藉由「簡化主牆」來調整收納區位安排，再從側牆邊櫃或活動家具添購上來補足細節缺失，從而創造一個既開闊又好用的客廳。

實例應用

L 型矮櫃滿足多元機能

考量到屋主希望有臥榻，再加上要滿足客廳、玄關的收納需求。順勢運用 L 型矮櫃從玄關延伸至客廳，高 40cm 的設計，在玄關能當穿鞋椅使用，在電視下方能收納視聽設備與生活用品。而轉到窗下又能作為臥榻，圈出愜意休息的小角落，打造多元機能。

▪ 空間設計暨圖片提供｜一它設計

白色 & 木皮櫃收納量大又不失簡約

為維持明亮採光與寬敞格局，利用電視牆上方樑下設計牆櫃，特別選擇白色櫃門搭配淺色木皮來降低櫥櫃感受；全牆式電視櫃除提供極大收納能量，就連落地窗旁也以木櫥櫃做成假柱來增加收納力，讓空間隨時能保持簡潔。

▪ 空間設計暨圖片提供｜構設計

長條式平台運用彈性佳

為弱化大樑壓迫，沙發背牆包樑並以圓拱修飾，利用長條層板滿足展示與隨手置放便利。電視牆以成列木色矮櫃拉成平台，下方則分割成抽屜方便分類收納。右側安置一座封閉懸空櫃增添層次，也讓牆面整體視覺保持乾淨。

▪ 空間設計暨圖片提供│木介空間設計

布紋與木質點綴，增添柔和質感

順應電視在兩側安排頂天櫃體，鄰近玄關一側作爲鞋櫃使用，下方嵌入穿鞋椅。另一側高櫃能展示藝術品、收納生活用品，滿足客廳多元需求。下方木櫃則能放置視聽設備，開放設計便於遙控操作。從鞋櫃到電視櫃統一採用布紋質感系統板材，搭配溫潤木質相輔相成，增添柔和細膩的視覺效果。

▪ 空間設計暨圖片提供│一它設計

化繁爲簡讓場域做深呼吸

電視牆立面上可留出較多餘裕來避免大量櫃體造成壓迫感；電視下方的木矮檯讓清冷色調增添溫暖，而懸空的段差則預留了收納品彈性增減的空間。

▪ 空間設計暨圖片提供│木介空間設計

收納設計基礎課

一櫃雙用滿足複合機能

玄關、客廳、餐廳交界處安排一座半圓弧收納櫃，巧妙
化解開門見灶的風水問題，也回應屋內弧線設計。透過
這種類儲藏室規劃，能強化公區收納機能，令開放區塊
界定範疇，同時滿足多種需求。

▪ 空間設計暨圖片提供｜木介空間設計

統合牆櫃製造聚焦亮點

將電視牆與通往私領域的廊道牆面統整,既能創造出開放式公領域的聚焦重點,同時又能藉由滑動式的電視牆,將門片櫃暗藏其後增加收納量。木、白配色與虛實櫃體交融,令場域更顯清雅宜人。

▪ 空間設計暨圖片提供|禾光設計

層板搭配藤籃既簡約也易於分類

相較於一般電視櫃體作法,此案利用層板結合藤籃的收納型態,搭配大面積簡約留白的立面,呈現乾淨清爽氛圍,藤籃對有孩子的家庭來說也更好整理,可分門別類放置各式玩具。白牆後方隱藏木作線槽結構,與北歐系邊櫃立面形成自然的落差。

▪ 空間設計暨圖片提供|十一日晴空間設計

藍白櫃提供多元收納、營造清新感

在波蘭 SITS 設計的 JUNO 白色沙發後方，以大面寬又完整的牆櫃提供玄關與客廳收納需求。另一方面，牆櫃爲了滿足裝飾性，先用湖藍色下櫃搭配白色上櫃來呼應全室色調，中段聚焦區則以開放櫃搭配燈光設計營造清新風格。

▪ 空間設計暨圖片提供｜爾聲設計

格柵拉門昇華開放格櫃風韻

公領域側牆安排大面積格櫃形成端景，左側拉門可遮擋玄關，讓入內之前有轉換心情的緩衝。一大一小的細格柵拉門在開闔間調度牆面表情；半隱透的視覺不僅強化了美感，在尋物覓件時也能更快鎖定目標。

▪ 空間設計暨圖片提供｜木介空間設計

03 餐廚 KITCHEN & DINNING ROOM

深入日常習慣
方能精確收納選擇

空間設計暨圖片提供｜木介空間設計

餐廚區對於住家而言可謂是靈魂所在。相較於其他區域，餐廚對於實用機能的講究特別高；不論是在烹飪、飲食器具的規整，或是料理路徑的順暢度上，動線、收納的安善考量缺一不可。唯有透過適切的規劃，方能提高餐廚使用率，才不至於花了大錢打造漂亮餐廚，最後卻淪為擺設的窘境。

　　開放式餐廚雖是目前主流趨勢，但並不是每個住宅都有足夠的條件打造，因此在做廚房規劃前最重要的前置功課，乃是深入分析主要使用者的需求，才能在料理時事半功倍。而用餐區是家人共用，故物品「好拿、好找、好收」才會促進協助歸納意願，讓環境常保整潔。

海量收納的要與不要

　　一般人對於收納的想法多是櫃體越多越好；但以實際經驗分析，上櫃通常是利用率偏低的區域；主要原因在於看不到的東西很容易就會被遺忘，加之上櫃需要伸長手臂去搆才拿得到物品，除非有加裝下拉裝置，否則一旦束之高閣就變成雜物堆放處。比較理想的做法是先檢視既有裝備及預計購買的產品，再多保留 10 ～ 20％左右的閒置容量，就能比較精確估算櫃體多寡；若是沒有囤積習慣，可乾脆捨棄上櫃或改為開放式會更有助於維持廚房的整潔。

　　下櫃通常較深，是用來收納鍋具、盆器、料理道具等體積較大的物件；餐具若是要置放在下櫃，常會因櫃體廣深而不好利用，可搭配活動式的置物籃、碗盤架、層架來做分類區隔，並且從疊放改為直立側放，都會

讓空間利用更有效率。由於此區擺放的物品種類也雜，因此封閉式門片或抽屜是較合適的選擇。總之，櫃體不用貪多，夠用即可，否則等到要斷捨離時可是既傷荷包又耗神。

符合人體工學的收納最好用

電器櫃是餐廚不可或缺的收納要角之一。由於電器櫃需嵌入電線迴路，可減少電線糾纏，又常搭配滑軌抽盤，的確是很好的餐廚幫手。不過，常見的直立式電器櫃往往只有中段方便使用，原因在於人體操作活動舒適範圍大約落在 91～150cm 的高度，與其將家電往上放，不如擴增平台面積 (一

般流理檯面高度約 80～85cm) 直接擺放；或改為 65～91cm 的櫥下型收納，會更符合操作便利。

規劃電器櫃時，除非是機櫃合一的嵌入式家電，若是單純置入型的電器櫃，就要考量插座位置不要過深、抽盤拉出時是否會佔據過多走道空間，及預留上方 8～10cm，後方 10～12cm 的散熱距離等細節。

善用小物強化分類與順手度

餐廚收納要成功，關鍵祕訣就是常用區要「事事順手」與「萬物有家」。舉例來說，烹飪時常會用到各式調味

捨棄上櫃改為開放式層架，可更直觀的取用物件，也因物品外露能減少不當的囤積，讓食材與器具皆更精簡合宜。

▪ 空間設計暨圖片提供｜木介空間設計

規劃電器櫃時要特別留意操作區域的高度，91～150cm 是活動舒適範圍，不勉力才能在拿熱食時更安全。

▪ 空間設計暨圖片提供｜木介空間設計

善用活動層架、收納籃，將常用物品擺在順手的區域內，唯有「好拿、好找、好收」才會促進歸納意願常保整潔。

▪ 空間設計暨圖片提供｜木介空間設計

料，但為了維持檯面整潔，通常會收在下櫃抽屜或拉籃中；不妨將調料集中於收納盒中，烹飪時整盒拿出挑選；或乾脆在檯面擺一個調料架，都會讓料理時更從容不迫。

餐廚收納最多的莫過於食材與乾貨，訂出一個固定的區域擺放固定類別品項，可以減少隨意亂塞最後忘記東西還有沒有的問題。

善用規格跟色彩統一的收納籃，將大包裝的泡麵、零食、粉類飲品拆開於中等大小的收納籃中分類，一來取用方便，二來也能清楚清點存貨。千萬不要東買一個西買一個，造型跟色彩過於繽紛的收納物反而容易顯得更亂。

實例應用

依據使用頻率、生活習慣決定收納型態

長型一字開放廚房劃分成幾個部分，料理區域
上層以吊架層板設計，收納每天取用餐盤、鍋
具。靠近書房的咖啡吧檯區，下方搭配抽屜櫃，
淺層放置茶包、咖啡豆，較高的抽屜擺放使用
率低的小家電。右側施作獨立木作電器餐櫃，
隱藏全拉開整座的乾貨櫃，平台還可放置水波
爐，作為客餐廚之間的隔間。

▪ 空間設計暨圖片提供｜十一日晴空間設計

檯面＋餐櫃，讓餐廳變身超級吧檯

考量家中有嬰幼兒，有沖泡牛奶需求，加上屋
主也有喝咖啡習慣，規劃木質吧檯式餐櫃，搭
配人造石檯面及白色鐵件層板設計，將熱水器、
咖啡機、奶瓶蒸氣機都輕鬆收放檯面上，而門
櫃、抽屜也可收納餐區雜物。

▪ 空間設計暨圖片提供｜爾聲設計

封閉多、開放寡成就靜穩餐廚

餐廚區廚具以長條內嵌把手維持俐落，同時
藉開放層板降低量體做滿的壓迫。側牆與餐
桌皆以木色渲染，但融入一條細燈帶點睛，
讓空間不會過於深沉，反而能透過鐵灰跟胡
桃木色共構靜謐氣質。

▪ 空間設計暨圖片提供｜木介空間設計

黑白對比，營造強烈視覺效果

考量到餐廚空間的方正，又與玄關相鄰，因此將餐桌、中島安排在中央，櫃體安排在兩側牆面，保留通暢的回字動線。延續廚具安排置頂櫥櫃整合收納，開放的電器櫃結合冰箱，便於隨時取用。而整面的沉穩黑色調有助穩定視覺重心，也與白色鞋櫃形成對比。

▪ 空間設計暨圖片提供│拾隅設計

櫃體圍塑場域也創造完整餐廚收納

透過局部雙面櫃、電器櫃與櫥櫃，圍塑出完整玄關場域之外，也增加餐廚區域的收納機能，不僅如此，零碎角落甚至衍生出餐具櫃，輔以橫拉門片讓視覺更為乾淨。中島吧檯側邊也兼具書櫃、下側則隱藏電器收納，讓業主可以和孩子一起備料、共廚。

▪ 空間設計暨圖片提供│十一日晴空間設計

延伸 L 形廚具，擴充家電、小物與垃圾桶收納

原始廚具為基本一字型，為彌補左側廚具所缺乏，加上
屋主希望能納入冷凍櫃設備，因此另外延伸出右側轉角
區域，包含開放層架、小家電專屬收納，比起櫥櫃做法
來得更加方便取用、整理，甚至連廚房小推車、垃圾桶
也能被妥善隱藏於檯面下。

▪ 空間設計暨圖片提供│十一日晴空間設計

延伸一字型廚具整合電器與冰箱

將封閉式廚房格局打開後，迎接明亮通透的採光與空間尺度，並延伸一字型廚具，連貫冰箱、電器櫃的收納，使用動線更為流暢，上側採用開放和封閉櫥櫃，開放區域以拿取頻率高的鍋具、餐盤為主，臨窗面搭配活動餐櫃輔助，檯面擺放小家電，操作上更便利。

▪ 空間設計暨圖片提供｜十一日晴空間設計

櫃牆兼作屏風，圍塑廚房領域

由於廚房與玄關相鄰，順勢利用 L 型台面拉出櫥櫃與餐櫃，巧妙和玄關做出區隔，木質餐櫃採用鏤空開放的設計，能作為隔屏避免一眼望進廚房。一旁則嵌入電器櫃、側拉高櫃與隱藏式冰箱，打造順暢的料理動線與收納機能。櫥櫃特意採用藍灰色，與客廳沙發呼應，為空間增添一致的視覺效果。

▪ 空間設計暨圖片提供｜一它設計

層架櫃加設玻璃拉門，避免視覺凌亂

為喜愛料理、烘焙的業主，將廚房移出且擴大空間尺度做為家的核心，中島角落結合層櫃之外，後方牆面包含層架、檯面、抽屜櫃等各種收納機能，同時裝設玻璃橫拉門稍微遮擋廚房道具，避免視覺凌亂，其中木層板包覆ㄇ字形 1mm 不鏽鋼板，可保護層板免受電鍋蒸氣影響。

▪ 空間設計暨圖片提供│十一日晴空間設計

奶茶色美型櫃內藏樑柱、機能多元

在餐桌後的餐櫃搭配插座提供咖啡吧檯與餐具收納機能，向右延伸則有複合式展示櫃、轉角櫃及窗邊臥榻櫃，整體收納量不輸儲藏間。而且奶茶色美型櫃是女主人最愛，除了增添法式風格、也修飾樑柱等畸零格局。

▪ 空間設計暨圖片提供│爾聲設計

04　臥房 BEDROOM

透過收納規整，
呈現放鬆安心睡寢氛圍

空間設計暨圖片提供｜木介空間設計

臥房是私人空間，應讓人感到放鬆，然而在裝潢時卻容易被忽略，導致入住後，才發現收納不易，讓人無法放鬆，且被物品佔據使用空間，感到情緒浮躁。其實，臥房坪數有限，使用功能單純，看似不用規劃，但想有一個安心好眠的睡寢空間，融入個人習慣的細心規劃步驟不可省。

空間的坪數大小，直接影響空間的規劃，因此就坪數大小來看，臥房通常分為主臥和一般臥房，主臥約需至少 3 坪，一般單人臥房則至少要有 2 坪，臥房裡最主要的家具分別是：床架、衣櫥、梳妝台或書桌，而負責空間裡最主要收納重責大任的就是衣櫥，因此衣櫥好不好用、位置放的對不對，絕對足以影響臥房的舒適度。

依使用習慣與坪數，規劃大收納量的衣櫥

衣櫥主要收納的是衣物，對坪數較大的雙人主臥來說，約需規劃雙人衣櫃才收得下兩個人的衣物。若不想要做滿滿的櫃子，可根據個人使用習慣與坪數大小，規劃走入式更衣間，取代功能相對單一的衣櫥，因為更衣室不只可收衣物，還可連行李箱、包包、首飾等物品，一併規劃收整在這裡，採集中式收納不只使用起來更方便，也省去還要另外再做收納櫃來收衣物以外的東西，空間看起來會較為乾淨俐落。

對於空間較小的單人臥房，建議床靠牆擺放，藉此可讓出較為完整的空間，規劃收納櫃或擺放書桌時，會來得容易些，空間也比較不會顯得過於擁擠。在安排大型家具衣櫥時，記得要留出約 60cm 的走道空間，

以免櫃子和床之間距離不夠，開啟櫃門卡卡的不順手，或影響行走動線，若擔心整面櫃牆，會有壓迫感，櫃體可部分改為開放式層櫃，或者櫃牆不做滿，剩餘空間規劃成梳妝台或書桌。

善用畸零地，爭取收納空間

該做的櫥櫃都做了，還是不夠收怎麼辦？這時就要抑賴市上面有多重功能的家具，像是掀床、床頭櫃等，都是在原來的家具功能外，另外還多了收納空間幫助收納。

至於不宜放床的樑柱下空間，則適合利用樑柱厚度順勢規劃成有收納

功能的床頭櫃，甚至可延伸出邊几、收納櫃等設計，若樑柱位在床側，則可以增加桌板、收納櫃，來規劃成可梳妝、辦公的桌區。臥室若有凸窗、多角窗等特殊形狀的格局，容易形成畸零地，此時可搭配木作，量身訂作成臥榻、收納櫃、桌板等設計，有效運用畸零地，創造出收納等其它功能。

制式統一，看起來就不亂

臥房功能單純，使用的人少，但私人雜物及零碎小物反而多，大型物件收進櫃子，零碎的東西卻不好收，而且還是造成空間凌亂的亂源。這時建議可搭配收納籃、收納箱來做收納，

以臥榻形式取代床架，利用臥榻高度，爭取更多收納空間，從臥榻延伸的床邊櫃，則連結桌板成爲桌區，將使用功能串聯，動線更順暢，也能多一些留白，減少侷促擁擠的空間感。

▪ 空間設計暨圖片提供｜一它設計

大面櫃牆將睡寢空間的東西收整乾淨，空間看起來簡潔俐落，因有木素材調和，不顯冰冷，反而散發溫馨氛圍，讓人得以安心好眠。

▪ 空間設計暨圖片提供｜日作空間設計

樑下空間分成二個部分，上方做成收納櫃，並以白色虛化櫃體存在感，中間以牆面斷開，下半部做成床頭櫃，增加平台使用，下方則做內凹設計，方便收納隨手取用的書籍或小物。

▪ 空間設計暨圖片提供｜十一日晴空間設計

不管是外露，或放在櫃子裡都很適用，也便於日常取用，收納時不需特別歸整，相當便利，如此一來也能利提高收納意願，讓雜物各歸各位，減少物品堆積。購買收納籃、收納箱時，最好統一顏色和款式，藉由整齊一致的外觀與色系，可製造出整齊乾淨的視覺效果，讓原本應該讓人放鬆的空間，可以發揮該有的機能。

實例應用

用吊桿、斗櫃、珠寶盤讓衣物歸位

考量屋主衣物量不少，除了床側設有一排衣櫥，床尾還規劃一間走入式更衣室，可以將需要吊掛的衣物清楚地擺放，更好選拿；另外，搭配斗櫃與櫃上的珠寶領巾盤，可讓大、小物件都能好好歸位，衣物就不容易顯亂。

▪ 空間設計暨圖片提供│爾聲設計

黑玻與鏤空設計，降低壓迫感

主臥格局經調整後，入口兩側留出空間，順勢設置衣櫃。一側櫃體中央鏤空，能吊掛外出衣物，也能削弱櫃體存在感，進出不壓迫。另一側櫃體則以黑玻門片與之呼應，創造通透感。床尾牆面嵌入鐵件層板，與相鄰的置頂高櫃結合，能作為照片、紀念品的展示空間。

▪ 空間設計暨圖片提供│拾隅設計

開放櫃＋活動收納應用更隨興

更衣間入口右側以封閉式櫃體減少撩亂，也能與對向主浴門片呼應。中段透過開放層架歸納摺疊衣物。60cm 深的大空格能用來吊掛衣物；下桿設計成可拆式，搭配半透明的活動抽屜櫃自由增減，讓應用更靈活。

▪ 空間設計暨圖片提供｜木介空間設計

床頭主牆將開放收納變封閉

床頭以栓木貼皮拼接框限範疇，搭配對稱的床頭櫃讓氣質更穩重。後方讓出整個區域做開放式收納，藉同色系收納盒的搭配，就能更細膩吻合需求。牆面兩側以霧面玻璃拉門遮擋，迴圈式動線則讓進出更流暢。

- 空間設計暨圖片提供｜木介空間設計

封閉與開放協作確保簡潔

落地櫃旁刻意闢出淺木色小區作爲梳妝台：正前方木板可遮窗，左滑開啓就能讓自然光灑入；右側層架則可收納常用瓶罐；下方封閉型落地拉櫃能減少落塵沾染，也讓體積較高、大的保養品能有理想歸處。

- 空間設計暨圖片提供｜木介空間設計

小房間也能有ㄇ字型更衣間

利用床邊約135cm寬的畸零空間規劃ㄇ字型走入式更衣間，80cm走道與50cm寬層板櫃可讓衣物一目了然。床尾除有斗櫃工作桌，沿牆還有站立式化妝櫃，只需將化妝薄櫃門打開就有鏡面，方便習慣站著化妝的屋主使用。

- 空間設計暨圖片提供｜爾聲設計

05　　　　　小孩房 KIDS ROOM

做好收納計畫，
滿足不同階段收納需求

空間設計暨圖片提供｜十一日晴空間設計

小孩房多是爲家中未成年小孩準備的房間，使用者年齡約在 8 至 18 歲之間，不同年齡對空間的需求也不同，因此針對成長階段的變化，規劃小孩房時，大多採不做死，可彈性變化原則爲主，在收納方面則最好採用讓小朋友可從中學習做收納的設計，來減輕家中主要收納者的負擔。

過去多是坪數要夠大，才有空間做小孩房規劃，隨著越來越重視個人空間意識提高，現在卽便是小坪數空間，也多會願意配置小孩房，讓家中小孩擁有一個獨立專屬的空間。然而小孩會不斷成長，空間機能勢必要跟著改變，也因此小孩房的規劃，除了當下需求，也要加入長遠思考，才能讓空間隨之成長。

多種收納方式滿足需求

不同年齡層需要的收納需求也不太相同，因此建議收納不需一次就做到位，視不同年紀需求，再來慢慢做收納規劃。一般年紀較小的小朋友，需要的是可以在地上爬行活動的空間，活動空間重於收納，收納櫃不用多，夠用就好；學齡階段的小朋友，需要收納的物品有玩具、書本、學習用品，此時要適當擴充收納空間，而這個階段也正是訓練小朋友自主收納的重要時期，所以應以可讓小朋友方便自己收放物品做爲收納規劃原則，以養成未來自行納的習慣。

依成長階段，規劃適合收納

小孩房要收納的東西通常多而且雜，因此並不適合全部採用一種收

納方式，最好以多種不同的收納形式來規劃，也不需做太仔細的分類，要以好收好放為主，提高小朋友收納意願。首先，可規劃開放式層板來收納平時較為常用的物品，適當使用層板，方便日常好拿好收，也可避免過多櫃體帶來壓迫感，接著可再加入一些格櫃收納，來讓物品收得整齊，同時減少灰塵堆積，可再進一步加上收納籃、門片，把雜亂不好收或不常使用的物品，全部隱藏起來。

另外，很難收得整齊的玩具，適合使用抽屜、拉籃來收納，只要將玩具丟進去就可以，好收好拿，很適合剛開始學收納的小朋友使用，還可在抽屜、拉籃加入顏色讓空間變得繽紛童趣，同時也有利於簡單分類收納物品種類，若擔心看起來凌亂，只要把外觀統一，視覺上看起來就很乾淨俐落。

結合家具的收納機能

小孩房通常會從學齡期一直使用到青春期，因此小孩房的家具，建議採用一些可因應不同需求，而能隨時調整變化的複合機能家具，藉此讓空間不會因為成長階段變化，而變得不適用。

而這些複合式機能，就可以將收

兩個男孩共用的大臥房，多採用活動家具完成，睡寢區與閱讀區之間搭配可壁鎖的無印良品自由組合層架，兼具空間區隔與收納空間。睡寢區臨窗面遇有大樑，採用木作訂製方式構築矮櫃，增加孩子們放置書籍或玩具的地方。

• 空間設計暨圖片提供｜十一日晴空間設計

多種收納設計可收納不同物品，而當年齡漸漸成長時，也能因應不同的收納需求。

• 空間設計暨圖片提供｜拾隅設計

針對年齡較小的小朋友，重點在於盡量留出活動空間，至於收納不用多，可留待年紀再大一些，再做更適合的收納規劃。

• 空間設計暨圖片提供｜十一日晴空間設計

納規劃包含進去，像是在架高地板的下方，可收納的上掀床、上掀床頭櫃等等，都可以規劃成收納空間，而且一般小孩房多是坪數較小的房間，藉由複和機能設計，讓空間可以完全發揮利用。

小孩房算是收納重點區域，在這裡會有玩具、書本、衣物等物品要收納，因此一開始的收納規劃很重要，除了收納空間要足夠，最好能藉由收納設計，來因應不同年齡階層所需，同時訓練小朋友養成自主收納習慣，這樣才能幫助父母擺脫收不完的惡夢。

對稱收納滿足孩房娛樂與實用性

將兩間小孩房相對而設，並於入口處安排拉門
獨立關成一區。外部藉由兩座藍色書櫃收納玩
具書籍，並保留了遊玩空間；房內則在床尾以
封閉式收納形成櫃牆，讓衣物有容身之處。

▪ 空間設計暨圖片提供｜禾光設計

回收構材木層架，兼具收納與陳列

彈性預留的客房，不再施作固定木作櫃體，選
用 IKEA 與荷蘭「回收構材」設計師 Piet Hein
Eek 合作的 INDUSTRIELL 聯名木層架，靈活收
納書籍或佈置生活小物，同時也可以保留自然
採光。

▪ 空間設計暨圖片提供｜十一日晴空間設計

牆面退縮，嵌入櫃體

考量到小孩房空間相對較小，因此牆面退縮，床尾便多了能容納櫃體的深度，順勢沿著管道間設置衣櫃，形成乾淨俐落的立面視覺。而床側安排書櫃，開放式的設計能隨時取用書本或玩具，下方刻意採用滑門，卽便未來放置書桌，也能方便開啟，保有使用彈性。

▪ 空間設計暨圖片提供｜拾隅設計

用轉角層架化解量體厚重

小孩房除以上下舖提升坪效外，在櫃體設計上以頂天立地的大量體，統整了滑軌門片、封閉櫃與層架。將開放收納設於轉角，一來可減少睡眠時視覺撩亂，又使櫃體不顯厚重；二來也恰好與門外規格相仿的櫃體形成呼應。

▪ 空間設計暨圖片提供｜禾光設計

窗下書桌檯面保有採光與大收納量

女兒房為了避免採光與窗景受到干擾，以建築窗下緣為基準，設計了寬敞書桌，不僅大桌面超好用，同時下方也以抽屜斗櫃設計來增加衣物收納空間，再搭配床尾的衣櫥讓收納能量直逼更衣間。

▪ 空間設計暨圖片提供｜構設計

以高疊櫃收納換季衣物提升儲藏量

小孩房的空間不大，通常放張床與書桌後想讓收納自給自足確實有點難，所以除了在桌後空間規劃 150cm 寬的衣櫥外，窗邊則配合床長度來規劃複合式櫥櫃，可放折疊衣物，再利用天花下方加作高 30x 深 60cm 的高疊櫃來收納換季衣物。

▪ 空間設計暨圖片提供｜爾聲設計

06

檢視收納細節，
打造一道完美書牆

空間設計暨圖片提供｜木介空間設計

書房是用來辦公或小朋友寫功課的空間，然而隨著生活型態的改變，書房也會是平時玩電玩、上網，甚至午間小憩的地方，且不像過去多是獨立的封閉空間，更多是採用開放式規劃，因此規劃收納時，實用面要具多重特性，外型上也需顧及風格美感。

　　現在的居家空間坪數越來越小，為了讓空間使用最大化，相較於過去把書房獨立成一個空間，現在最常見的設計，是採開放式規劃，將書房與客廳串聯，只用半牆，或搭配具透通感的建材做隔牆，讓視線延伸，不因隔牆影響空間開闊感，也因為這樣的趨勢，書房收納除了要考量到實際收納功能也要顧及造型，以自然融入整體空間風格。

深入細節規劃，才能真的好用

　　書房裡主要收納物是書籍，收納物品雖然單一，但市面上各種尺寸、大小的書籍百百種，怎麼規劃才收得好？建議在規劃書櫃前，先確認書籍數量，再以此做為標準，決定是否規劃成書牆。接下來，進一步確認現有書籍類型，是書多還是雜誌多？哪種尺寸的書最多？透過分類便能清楚知道，書櫃內部層板適合的高度、深度等細節。

　　一般來說，書櫃深度不宜太深，以免不易拿取，容易浪費空間，內部層板高度建議約在 30 ～ 35cm，若有特殊需求，可另外再做規劃，層板跨距則最好不要超過 90cm，以免過重導致層板下陷，若考量美觀設計，要在超過 90cm 的層板下方增加立板加強支撐。若除了書籍，還有

一些雜物要收，那麼可另外搭配現成的收納籃、收納箱、抽屜，甚至檔案盒等，來收辦公、寫作業時常用的紙張、印章、文具等不同類型、又不好收的碎瑣小物，收納容易也方便日常取用。

加入設計元素，改變無聊樣貌

規劃整面櫃牆，絕對可以滿足大量的收納需求，但若只是單純且規律的格子櫃，就會顯得單調無趣，此時不妨利用一些跳色、不規則高低、與不同跨距的設計，來讓書櫃更具設計感與趣味，若想強調櫃牆存在感，可局部加入門片，或者結合玻璃、鐵件

等異材質，來讓視線聚焦，成為空間裡的視覺亮點。

當我們在規劃收納櫃時，多習慣加上門片來達到隱藏凌亂目的，但封閉式收納容易讓人感到壓迫，此時不妨錯落選擇幾個格櫃裝設門片就好，讓門片成為櫃牆設計元素之一，容易雜亂的東西統一收在這裡，避免外露。

另外，也可以選擇採用有輕盈視覺效果的玻璃，來做為門片材質，既可避免灰塵，也可根據想要的透視程度，選用清玻、霧玻、長虹玻璃等，透視程度不同的玻璃。

方正規律的收納格櫃，另外搭配抽屜、檔案盒來做收納，簡單容易取得，卻讓收納更靈活，同時也讓櫃體樣貌增添變化，不會過於單調無趣。

▪ 空間設計暨圖片提供｜木介空間設計

頂天書櫃的木質調，搭配灰色隔板，增加櫃體視覺變化，同時也配合櫃體色調，使用白、灰和藍色系收納盒，幫助收納的同時，也營造出整齊一致的視覺效果。

▪ 空間設計暨圖片提供｜構設計

為了避免壓迫感，書牆採兩段式規劃，上半部用清透的玻璃門片，來引光同時化解壓迫感，下半部則為一般木質門片，適時遮擋凌亂收納物。

▪ 空間設計暨圖片提供｜構設計

　　至於開放式收納設計，除了平時要隨手收納外，若想利用現成的 PP 收納盒、藤籃或抽屜等進一步幫助收納，款式、顏色、風格最好統一，以免看起來反而雜亂。

　　若是書房空間條件允許，可在此規劃臥榻，方便在這裡小憩、看書，而臥榻高度最適合用來規劃成收納空間，

不過規劃時，要注意空間條件與拿取是否順手，再來決定是用拉抽或上掀等不同開啟方式。

實例應用

錯落層次搭配重彩令收納更有型

書房與客廳間毫無阻隔,且上方又橫亙大樑;故將櫃牆懸空並以線板門片呼應設計製造錯落層次。桌椅造型與材質盡量輕化,但右側以一座高度略低於桌面的黑櫃滿足收納,藉由濃重的黑讓視覺平衡,也令空間不會太過輕浮。

▪ 空間設計暨圖片提供│木介空間設計

書、客兩用房具小而超強收納能量

為了讓格局不大的多用途房發揮最大收納效益,除在窗邊臥榻可供休憩,下方則可做收納櫃;至於臥榻外的空間約 3.3 米寬,主要以直達天花板的倒梯形櫥櫃來增加收納空間,搭配書桌則能提供閱讀工作機能。

▪ 空間設計暨圖片提供│構設計

拆隔牆令收納、採光能共享

去除隔間後使餐廚順暢，並善用窗邊設置書房，讓動線、採光能融共享。另設摺疊門能讓書房獨立成區。長條型桌板以凹槽區分為兩段，讓夫妻各自保有獨立範疇。桌下以空櫃搭配活動收納盒增加應用彈性。

▪ 空間設計暨圖片提供｜禾光設計

善用淺抽屜收整書房小文具

毗鄰餐廚的書房利用架高 35cm 高的設計，作爲區域性分隔與界定，此高度更衍生實用大抽屜。書房內主要櫃體運用木作形式，完整貼合空間尺寸，開放方格收納以書爲主，中段結合淺抽屜，可收納各種小文具。

▪ 空間設計暨圖片提供｜十一日晴空間設計

組合層架＋收納配件，打造清爽俐落工作氛圍

位於客廳後方的書房空間，利用通透玻璃隔間創造視覺延伸性，書房內搭配使用 MUJI 自由組合層架，根據屋主需求、使用習慣，結合抽屜櫃、藤編籃和檔案盒等小配件，工整又保有靈活度。

▪ 空間設計暨圖片提供｜十一日晴空間設計

曲線設計，柔化空間視覺

爲了維持通透開放的視覺，運用半牆劃分客廳與書房，沿牆設置櫃體並嵌入鋼琴，同時安排開放層板、櫃格方便收納書本與展示品。特意以曲線柔化空間線條，搭配溫柔的奶茶色調，回應屋主偏好浪漫的氛圍。

▪ 空間設計暨圖片提供｜拾隅設計

開放層架讓物件成為客廳背景

屋主崇尚復古美學，指定用無印良品層架作為書房的收納櫃，開放式的金屬架輕盈俐落，提供書房應有的收納功能，所擺放的物件也成為客廳的展示背景；書房搭配兩張活動書桌子，牆面層板書架由兩塊舊木料製成，兼具裝飾功能，呈現出日式雜貨風格。

▪ 空間設計暨圖片提供│日作空間設計

狹窄書房配置薄櫃與玻璃隔間減壓

只有小空間還是很想有獨立書房，所以將總寬約 2 米多的房間先以玻璃隔間減緩空間壓迫感，再配合窄薄桌板及僅 40cm 深的書櫃滿足書籍收納與工作機能；另一方面在窗邊則保有 210cm 的臥榻讓屋主可在此稍做歇息。

▪ 空間設計暨圖片提供│構設計

留白＋跳色讓書房閒適又俐落

此處以架高木塌與書桌相結合，勾勒出一種半工作半休憩的閒適感。斷開型書櫃少了做滿的壓迫感。右側的藍色門櫃除可跳色增加明亮，亦可收納大型物件。塌下抽屜則利於將物件分類，增加取用效率。

▪ 空間設計暨圖片提供│禾光設計

以圓為造型的書牆成為公領域端景

開放書房讓一家四口可以在這裡親子共讀或遊戲，除了用簡單的書桌圍板遮住桌面雜亂，後方書牆以圓形門片為造型，搭配燈光、層板規劃出半開放書櫃，讓孩子更方便取閱圖書，上方櫃子則可展示收藏書或公仔。

▪ 空間設計暨圖片提供│構設計

虛實錯落＋情境角落讓收納更靈動

書房與外部開放和室以半牆隔開，並利用窗
扇與外界保持互動。背牆以層架與門櫃交相
錯落製造活潑。臨窗處臥榻與客廳串聯一
氣，屋型的小角落，能增加情境想像樂趣；
下方的抽屜亦能增加收納，強化機能。

▪ 空間設計暨圖片提供｜禾光設計

訂製櫃、活動家具滿足小書房收納

男業主的專屬書房，考量空間尺度較小，局
部隔間採用推拉窗，讓視覺得以延伸，由於
需保留原始床鋪家具，因此藉由訂製床頭櫃
貼合空間、滿足收納機能，同時搭配活動書
報收納櫃，書籍雜誌拿取更便利，也增添溫
暖氛圍。

▪ 空間設計暨圖片提供｜十一日晴空間設計

07　　　　衛浴 BATHROOM

善用畸零空間，
讓收納倍數增加

空間設計暨圖片提供｜十一日晴空間設計

衛浴一般分配到的空間不大，但在這個小小的空間裡，全家人都要在這裡洗漱，因此日常會用到的牙刷、毛巾、吹風機等東西，也要一併收在這裡，物品不只多還瑣碎，加上日常使用率高，在思考收好的同時，也要兼顧拿取順手，避免因不好收，用完就四處散落，導致空間變得凌亂。

一個小小的衛浴空間裡，要收納東西大概有毛巾、牙刷、洗面乳等雜七雜八的東西，東西不只多，而且還要收進這麼多不同種類，大小也很難統一的東西，事前做好收納規劃就顯得相當重要，尤其在空間不大的前提下，不只要發揮收納高機能，更要懂得聰明擴充收納空間。

寬度不足，垂直向上收納

很多衛浴空間面臨的問題就是空間太小，無法安排大型收納櫃，此時如何擴充收納空間呢？最直接的方式就是往高處發展的垂直收納，考量到空間本來就小，垂直收納建議可採用層板或鏤空層架收納，以免因為櫃體而感到壓迫，主要以收納一些比較輕的物品如：洗面乳、毛巾、吹風機等，或者擺放裝飾用的植栽，不要擺放過重物品，以免掉落發生危險。至於一般都會配置的鏡櫃，不如選用全面鏡櫃，藉此增加收納空間，而且還可利用鏡子反射特性，有效製造出空間放大感。

善用畸零空間做收納

在一些比較畸零的空間設置收納空間，例如：洗手檯下方、馬桶上方、櫃體側邊、壁面窄長畸零地，這些地方往往很容易被忽略，但其實只要

仔細規劃就能增加收納。

　　像是洗手檯下方，雖然會有水管經過，可利用市面上販售的層架或櫃體，可輕鬆繞過水管，如此一來便能有效利用空間做收納，櫃體還可以把水管藏起來，讓空間看起來更美觀。

　　至於馬桶上方位置，可購買現成櫃架，或者增設櫃體、層板來做收納，櫃體側邊加裝吊桿，搭配勾掛便可吊掛更多東西；至於狹長畸零地，可選購市面上的狹長浴櫃，或者增設層板，讓原本窄小不好用的空間，也能變得很好收東西。若擔心擺放櫃子不利於平時清潔，可選用帶有輪子的款式，可隨時移動，不只方便清潔，取用時也相當便利。

選擇防潮耐用材質

　　衛浴會聚集濕氣，且是經常呈現潮濕狀態的空間，因此收納櫃要特別

在洗手檯下方規劃懸浮收納櫃，
視覺上看起來輕盈，同時又能滿
足收納的需求。

▪ 空間設計暨圖片提供｜十一日晴
空間設計

洗手檯下方規劃木製層架做收
納，同時呼應空間色系與氛圍，
搭配藤籃來收納瑣碎小物，不只
小東西有地方收，整體空間風格
也更到位。

▪ 空間設計暨圖片提供｜十一日晴
空間設計

在洗手檯下方設置層板，平時可
收納瓶瓶罐罐，若擔心看起來雜
亂，可搭配收納籃收納。

▪ 空間設計暨圖片提供｜爾聲設計

挑選耐潮的材質，以免使用沒多久，
櫃體就因濕氣變形。其中塑料、PVC
材質防潮效果較佳，而容易受潮發霉、
變形的木質板材，最好不要使用。

　　除此之外，櫃體內部建議盡量採
用層板規劃，由於抽屜、拉籃都需要
使用到五金配件，因此平日不花心思
保養，五金很容易因濕氣而生鏽氧化，
而要重新置換。

浴室簡潔就靠大鏡櫃 & 蘋果綠浴櫃

乾濕分離的浴室先以隔門將淋浴間的水氣隔開，接著在乾區以浴櫃搭配加寬鏡櫃作設計，除了浴櫃門櫃內可放毛巾、沐浴乳等備品，開放層板則可搭配汙衣籃使用；鏡櫃內就放潔面乳、洗牙器、牙膏，好讓檯面保持整潔。

▪ 空間設計暨圖片提供｜爾聲設計

彩色磨石子點亮活潑、回應實用

衛浴空間以灰綠牆色搭配彩色磨石子點出明亮可愛第一印象。牆上鏤空大小兩格洞，方便沐浴用品規置。懸空封閉的門片櫃則吻合區域特性所需，讓清潔方便又能遮擋雜物，也讓畫面更清爽。

▪ 空間設計暨圖片提供｜禾光設計

洗手台、浴櫃外移乾濕分離不發霉

由於空間坪數不夠，爲了有更寬敞的沐浴空間，因此不把所有機能全塞進衛浴，洗手台和浴櫃移出來，讓浴櫃有更多空間可收整沐浴用品，做到徹底乾濕分離，毛巾、牙刷等清潔用品不再因潮濕而有發霉問題，用起來感覺也更舒爽。

▪ 空間設計暨圖片提供｜日作空間設計

訂製櫃與活動籃共構收納彈性

衛浴乾區以二字型收納確保動線流暢。除將洗、烘機台堆疊於洗手台側旁，檯面下方也以外凸的手把歸置擦手巾。後方收納以開放爲主，搭配活動式收納籃，可更細緻分類，亦能隨時依需求靈活調整。

▪ 空間設計暨圖片提供｜禾光設計

雙面浴櫃、吊櫃收整盥洗沐浴備品

主臥衛浴捨棄浴缸換取舒適沐浴動線外，乾區
藉由多種設計形式結合收納與生活感佈置。例
如鏡面下的淺層板設計，成為植物或擺放掛畫
陳列，右側較深的吊櫃則是盥洗用品區，洗手
檯透過雙面櫃體，吊桿的抽屜櫃可收整沐浴備
品，側邊甚至隱藏衛生紙盒。

▪ 空間設計暨圖片提供｜十一日晴空間設計

獨立洗手台以封閉確保俐落

將洗手台獨立於空間之中：一來可作為餐區的
背牆劃分界線，同時利於餐前潔手；二來也可
擁有寬闊的使用尺度，避免為了將就廁所大小
而陷入窄迫逼仄的窘境之中。透過門片遮擋雜
物，也讓空間畫面能維持簡潔。

▪ 空間設計暨圖片提供｜禾光設計

增加開放比例用活動籃調度需求

衛浴乾區以 L 字型檯面規劃，檯面下方設計為層板，透過規格統一的收納盒就不會顯得凌亂。牆面藉由玻璃櫃搭配層板虛實交錯，只要替換箱籃就能有不同風情變化。

▪ 空間設計暨圖片提供｜禾光設計

Point 2

做對收納的
10 個關鍵技巧

空間設計暨圖片提供｜一它設計

生活中免不了需要一些用品、衣物、備品，這些伴隨著生活而存在的蝦兵蟹將們，不見得24小時使用中，所以不用的期間就要找地方把它們收納起來，這就是收納的日常。很多人以為收納只要勤快點就能做得好，其實不然，做錯了還很可能事倍功半，除了應依個別需求規劃足量收納空間，想做對收納工作，這10個關鍵技巧一定要學起來，才能讓你的收納生活更輕鬆。

關鍵 01

適度斷捨離，別讓收納佔去生活空間

適度斷捨離後，再配合清晰明瞭的收納櫃設計，可避免收納櫃變成難找東西的黑洞，讓空間與生活都變清爽。

▪ 空間設計暨圖片提供｜爾聲設計

　　裝潢時作了不少櫃子，但一年半載後又放不下，你家也這樣嗎？或許該停下來檢視生活，看看是否該適度斷捨離。我們每天作息都差不多，需要的也相似，即使想改變也應該是提升品質，而非讓數量過度增加，那越來越多的衣物、用品就只是徒增收納櫃負擔，反而讓生活無法變舒適。斷捨離不只是丟東西，而是身心一起理解丟棄的是多餘的物品，少了它能讓生活變輕盈，以下斷捨離四件事試著做看看！

　　1. 從小範圍做起：別一下子把一屋子東西都攤開檢視，這樣容易造成收不回去的雜亂，可從一座化妝台或衣櫥做起來提升成功率。

　　2. 物品分類：建議將櫃內物品先依據服飾、書、文件、雜物、紀念品

收納設計基礎課　　　　　　　　　　078

不管是生活空間還是收納空間，透過斷捨離適當留白，如此一來，生活也更顯從容。

▪ 空間設計暨圖片提供｜日作空間設計

等作分類，便於理解整體情形。

3. 三分法漸進篩檢：將同類物品一起作檢視，用三分法可篩檢出最喜歡、普通與無感三類，無感的那 1/3 便可送人或丟掉，留下最喜歡、好用的，經由逐步減量，不用一次到位丟掉大部分物品，可讓斷捨離較無痛感，會更容易達成。

4. 一進一出原則：留用物品以目前需要、合用、舒適爲主，不要想兩年後或減肥後還可以用的需求。且日後購物也盡量以一進一出爲原則。

收納物做好整理和歸類，就能好好收

即便是儲藏室，也應該進一步再做收納分類，以免變得凌亂，反而浪費空間。

▪ 空間設計暨圖片提供｜十一日晴空間設計

收納想要做得更有效率一定要有方法，除了在不影響生活起居的狀況下，充分利用空間來做收納櫃以外，盡量讓想收放的物品與收納櫃之間更無縫隙，也有利於讓收納量達到最大化。

為此，在規劃收納空間前要先做好物品歸類，並且審視收納物件的大小，接著再依據不同類別、尺寸來做整理收納。以書櫃為例，同樣是書籍可分為雜誌畫刊、16開本書或漫畫，各種不同尺寸的書籍，若採雜放方式就會讓書櫃內留有許多無法填滿的空隙，導致書籍容納量直接少好幾本，如果能依各種尺寸分類收納，不僅看起來更整齊，也能減少櫥櫃空隙、增加容量，日後要找也容易些。

當然不一定所有物品都像書一樣

為避免床頭樑問題，將樑下規劃全牆式門櫃，再依據要收納物品形狀規劃吊衣櫃、層板櫃，成就驚人收納量。

▪ 空間設計暨圖片提供｜構設計

方正整齊，因此櫥櫃在做設計時也需要將物品的形狀列入必要的考量因素，這情況有點像是玩積木時，若將每一個單位都得與另一單位緊密貼合，就能減少空間浪費。

例如同樣形狀的馬克杯盡量收在一起，或是將絲巾、領巾都捲成筒狀，再放進小格子收納，這樣收納可讓小物收納更有效率。

如果是大型物件則要量身訂做櫃子，像是很多家庭會為吸塵器或掃地機器人設計固定放置空間，在使用完就能好好歸位，家裡就不會顯亂了！

關鍵 03 融入生活動線，用櫥櫃做無痛收納

　　房子普遍越買越小，如果櫥櫃做多了就會壓縮到生活空間，但收納做得不夠，又容易讓生活變得阿雜不舒適。到底怎麼規劃才能擁有足量收納空間，而且又不會讓空間有壓迫感呢？

　　專家建議，如果家裡夠大就用儲藏室做收納較有效率，或者在房間裡規劃出更衣間，這樣就能將大部分的物品收起來，且不影響空間的舒適度。

　　但是小坪數住宅若沒辦法另闢格

局做儲藏室，又想要達成無痛收納的話，最好的方式就是讓收納櫥櫃融入生活動線來規劃，以「化整為零」的手法，讓收納櫃跟著生活動線散置在各個區域。

　　另外，依隨著動線配置收納櫃，最大好處是每一區的櫥櫃都能以當區的需求為優先，方便就近取用、放置，工作更有效率，是最符合收納邏輯的設計。

若無法規劃儲藏間，可依據每個區域的屬性來規劃櫥櫃，不只可以讓收納取放更有效率，也有機會變成各區裝飾牆。

▪ 空間設計暨圖片提供｜爾聲設計

當空間不夠時，可將書房臥榻結合收納來節省空間，亦可可滿足臥榻與收納功能。

▪ 空間設計暨圖片提供｜木介空間設計

從玄關的鞋櫃、玄關櫃，再銜接至客、餐廳動線的餐櫃與電視櫃，緊接走道若夠寬則可規劃薄櫃，或是利用窗邊動線上的座榻、走道轉角等角落的零散空間來安插合宜的櫥櫃，由於櫥櫃的深度與寬度靈活性很大，可以因應環境的條件來變化設計，也可以利用懸浮櫃體設計來避免縮減走道地板，減少空間壓迫感。

關鍵 **04**

根據使用頻率規劃，讓收納變簡單

收納設計要更合理且有效率，除了要縮短取、放的動線外，使用頻率也是考量重點。

原則就是每天都要使用的就放在隨手可以取用的距離，一周才用一次可以收進門櫃內，換季才會使用的物品當然就可放在深櫃、高櫃或儲藏室。

尤其廚房是收納難度較高的區域，也是最需要依據頻率來做收納設計的空間，首先，在作收納計畫前需要將

物品先區別出常用與不常用，也就是每一次作菜時都要用的用具，如砧板、刀具、日常用鍋具等通常可收在檯面周邊或是黃金地帶，使用及收放都很迅速順手；而油、鹽等醬料罐如無法擺在檯面，還可用側拉籃放在爐檯旁，這些規劃除了需要依據使用者習慣，也是考慮使用頻率以及縮短烹調動線而設計的。

此外，廚房裡較重的碗盤或鍋具應避免放在上櫃，建議擺在下櫃以免

廚房多半是櫥櫃組成，但收納時應依據使用頻率來放，避免要用時還要翻箱倒櫃，而重的鍋盤須放下櫃才安全。

▪ 空間設計暨圖片提供｜爾聲設計

收納前先考慮使用週期，天天用的物品可設隨手可拿的專屬區，偶爾用的物品建議放門櫃裡，臥榻下則收換季品。

▪ 空間設計暨圖片提供｜構設計

取用時不慎落下砸到人，不常用的鍋具可以利用轉盤放在較深的櫥櫃裡；重量較輕的乾貨、備品等可放上櫃，讓物品依據輕重作分類擺放。

最後，常用的鍋具電器放外層，較少使用的則可放到深一點的櫥櫃內層，如廚房較小也可收到儲藏室內，讓廚房收納更有效率。

專剋畸零地！用收納完美弭平凹凸

有夾層或複層格局的房型會出現樓梯下的畸零空間，這區域可用來規劃儲藏間或收納區，避免空間浪費。

▪ 空間設計暨圖片提供｜構設計

　　每個人都希望房子可以方正、平直，但是有可能是因為格局規劃的轉折、分割，導致空間剩餘了不大不小的畸零地；也有可能原始建築的樑、柱、窗型、樓梯就造了畸零格局，這些格局難解的問題，其實都可以透過收納設計來搞定。

　　由於收納櫃的尺寸設計規範較靈活，無論是大如房間的儲藏室，或小如夾縫般的縫隙櫃，甚至在形狀上也可以有很多變化性，所以收納設計可以說是專剋畸零格局的好對策。以空間中常見的畸零格局來看大致可以分為三大類，只要這樣規劃就可用收納櫃弭平凹凸空間。

　　1.樑柱形成的畸零處：可以利用門櫃或層板來規劃成造壁龕或牆櫃。

畸零收納不放棄任何零碎空間，在床側以柱寬爲基準規劃化妝桌，再搭配抽板及鏡櫃，解決化妝區機能與收納。

▪ 空間設計暨圖片提供｜構設計

2. 轉折或走道畸零處：若空間夠大可規劃作爲走入式的儲藏室，空間較小則用門櫃弭補凹洞或空間，讓動線更順暢。

3. 縫隙畸零處：收納最高原則就是不放棄任何一處空間，例如玄關角落的夾縫可規劃成拉出式雨傘掛架；還有臥室床位旁不到 20cm 的窄小空間，也能做成化妝品櫃，諸如此類的規劃都能讓空間畫面更完整外，同時也能增添更多收納空間。

關鍵 06
門櫃混搭開放收納，避免櫃體壓迫感

除了可以將牆面分割為門櫃與開放櫃設計來減緩壓迫感，也能以懸空手法搭配座榻設計，展現座區的包覆感。

▪ 空間設計暨圖片提供│構設計

　　收納設計從字面上來看就是把東西收好，但收納的形式卻相當多元。想要收得乾淨俐落，最直接就是做好的櫥櫃，用門將櫃子關上，而且還可運用門片上的造型設計表現現代簡潔、古典優雅或工業粗獷等風格，不僅少了雜亂、還多了美觀。但唯一美中不足就是這些門櫃會壓縮空間，讓住居空間變得小一些、窄一點。

　　除了門櫃可將物品收藏於無形，另一種是開放式設計的格子櫃、層板櫃或壁龕，這類櫥櫃可讓視覺向櫃內延伸，對空間截斷的感受較小，但若是收納的內容物形狀、大小不一，就容易顯亂。

　　還有一種展示型收納，能讓收藏的藝術品、公仔等透過玻璃櫃秀出來，搭配燈光還能提升櫥櫃質感，但容量

上層採開放式格櫃設計，可擺放書籍、擺飾品等
物品，具裝飾性功能，同時也便於日常拿取使用、
更換，下層搭配門片隱藏式收納，隱藏雜亂物品，
同時也讓櫃牆設計做出變化。

▪ 空間設計暨圖片提供｜木介空間設計

效率多半較差。每種櫥櫃都有其優缺
點，若空間足夠也都沒問題，但若在
小宅或狹窄空間就必須多些考量。

　　建議希望能多些收納功能，但又不
想因櫥櫃太多產生壓迫感的話，可以
採用混搭手法，將隱藏式門櫃與開放
展示櫃作複合式設計，讓不規則或易
亂物品放進門櫃，並視情況將其中部
分櫃門作開放式設計，混雜門櫃中的

開放櫃會讓大腦產生空間延伸的錯覺，
減緩壓迫感。

善用層板、五金，櫃內收納更有彈性

想做好收納工作，除了找到更多空間來做足櫃子外，更重要的是櫥櫃內該如何規劃才好用。為了讓櫥櫃更貼近實際需求，可以多多利用一些好用的五金配件，除了有常見吊桿、格柵或收納格盤等設計能讓收納更效率；還能搭配可滑動性的拉籃、抽板、轉盤或是下拉籃等省力裝置，不只提升收納量，也能讓放在大櫥櫃深處、高處的物品更容易取放。

如果想在有限的櫥櫃空間增加收納容量，還可選擇大型五金配件，如360度旋轉衣櫃或是旋轉式鞋櫃，利用收納神器讓原本的收納量翻倍增加，甚至可利用五金來設計收納床，增加空間用途。這些豐富多元的五金配件也可以讓外表看似相同的櫥櫃，展現不同的靈活度與彈性。

此外，即使原本已經想好櫃子內想要放的東西、大小、形狀，但是房子一住可能是十年或更久，期間可能會有家庭成員的增減，或是生活型態

利用木作、五金除了可設計出好用的衣櫥外，甚至在下櫃設計一座收納床，不用時還可將床、被與枕頭一併收入。

▪ 空間設計暨圖片提供｜爾聲設計

也可能有變化，所以在櫥櫃規劃前也要加入彈性設計考量。例如櫥櫃內的層板可增加側板插銷洞的密度，再配合層板釘（插銷）就能移動層板高度，讓櫥櫃可隨著不同物品來移動層板高度，這樣即使房子住得再多年也不怕櫥櫃變得不好用。

08

洞洞板加持，立體收納有序又整齊

一定要有平面空間才能做收納嗎？當然不是，以下這幾種兼具裝飾性又不占空間的收納神器一定要認識。

首先登場的是近幾年很受歡迎的洞洞板，洞洞板使用區域不拘，從玄關、客廳、走道到臥室都可以用，而且面積可大可小，無論是玄關或客廳牆面、或是書房角落，都能隨著空間的條件來變化應用。

洞洞板做收納的方式通常會搭配小木棍、特製插銷或掛勾，也可以再搭配層板來應用，所以無論是用來吊掛衣帽小物或盆栽、書籍陳列都可以，不僅是收納、也可以做爲端景設計。

常見洞洞板材質有木質、不鏽鋼或塑料，藉由不同材質的洞洞板所包覆的牆面，也能圍塑出不同的空間風格與氛圍。

洞洞板具有透氣、美顏的獨特外觀，用來作為櫃門、門板或牆面材質都可以，洞洞板上也可配合木棍吊掛置物。

▪ 空間設計暨圖片提供│爾聲設計

事實上除了洞洞板，還有沖孔板或鐵網架都是同樣兼具有牆面裝飾性與收納機能的建材，可依據自己喜歡的質感來選用。

不過，洞洞板雖然不佔據地面空間，但板子上若有吊掛物品仍須有一定的空間，所以盡量不要在過窄的走道上或是門板上使用，畢竟洞洞板牢固性可能不夠，容易因路過碰撞、而讓物品掉落，也要特別注意。

關鍵 09

選用收納功能家具，助增儲物能量

原本寬適的家一旦擺進家具，空間就瞬間變小了，能做櫃子的地方也少了，但收納空間還是不夠用，怎麼辦呢？那就利用有收納功能的家具或裝修設計來擴增儲物空間常見的收納機能家具，有茶几、邊几、長椅櫃及床下櫃，這些都是在不影響家具機能的前提下，透過家具內部的巧妙設計就能增加置物空間。

收納家具主功能仍是家具，而內部最適合收納區域內常用的東西，例如客廳茶几可放些書報雜誌，或是換季時要替換的抱枕、沙發套；房間內可放些衛生紙、毛巾等備品可以視自家的習慣來衡量收納物品。

此外，在裝修時就可事先規劃臥榻、座榻或是和室架高地板空間，這種設計就是保留空間原有機能，但可在下方增加地櫃收納，也是很多小空間最愛的收納設計之一，但須注意儲物櫃開啟方式，通常有上掀門、側拉門、扇門或開放櫃四種，上掀櫃可搭

收納設計基礎課

094

在開放書桌區，先將地板架高作為座位區，而下方則設計爲上掀式地櫃，搭配後方牆櫃收納就能取代儲藏室功能。

▪ 空間設計暨圖片提供｜構設計

多功能和室就是利用架高地板設計臥榻，在運用地櫃與牆櫃就能兼作儲藏室，滿足客房、遊戲室與收納機能。

▪ 空間設計暨圖片提供｜構設計

配五金讓門片更輕巧，以免因門片不好開啟，物品放進去後就打入冷宮。

　　如果是座榻可用橫向開門或開放櫃兩種較省空間，若是選用扇門則要保留開門的迴轉空間。另外若是做成抽屜式，也是需要有拉出抽屜的餘裕空間才好用。

關鍵

10

難收納的個性物件
可打造主題專區

透過事前的設計規劃，屋主大量的書成了視覺焦點的書牆，下面則再搭配收納盒，來收納想隱藏的瑣碎物品，亂中有序也不失生活感。

▪ 空間設計暨圖片提供│十一日晴空間設計

　　想收納的物品也不全都是難以見人的雜亂日用品，有些屋主因本身興趣會有不少個性化的收藏品、藝術品或者休閒運動用品等，這些形狀不一、不方便收進儲物櫃中的物品，也可考慮把它秀出來打造成主題展示區，反而能讓家更具獨特風格。

　　例如有超愛潛水的運動型屋主，就因為潛水衣、蛙鞋不太好收納，最後決定在玄關為潛水設備設計一處展示牆，一入門就可見到潛水衣架、蛙鞋與衝浪板，讓訪客立刻有聊天話題；而愛騎自行車的屋主，同樣會將愛駒放在入門最顯眼的牆面上。

　　此外，許多屋主有公仔收藏，更是從裝修前期就先為公仔預留最好的收納櫃位。當然也有屋主將收藏的限量運動鞋裝框放上牆面，裝飾居家、

難以收納的休閒娛樂用品可打造主題區，如自行車、滑板、潛水用品、公仔或心愛的吉他，也能凸顯主人品味。

▪ 空間設計暨圖片提供｜構設計

也讓自己能好好欣賞戰利品，或有人在臥室打造如精品店一般的皮包櫃，喜歡旅遊的人將自己收藏的城市紀念馬克杯做成主題牆。

這些兼具收納機能、又具特色的設計都能讓居家充滿個人風格。不過，規劃展示牆時應確保物品能牢靠固定，而且牆面收納不要過滿、過高，以免對空間產生壓迫性，若有必要可將櫃體採用懸空設計，避免地面因為被截斷而使空間有變小的感覺。

CHAPTER

2

家的收納，你可以這樣做

Point 1

從專家思維
了解居家收納

經手無數居家案例的室內設計師，
和一般人的收納規劃差別在哪裡？
他們是怎麼解決各式各樣的屋主的
收納困境？想知道設計師們的收納
祕技及多年歸納出的收納準則，先
來看看設計師們如何思考收納，從
而破解你我制式的收納觀點。

空間設計暨圖片提供｜木介空間設計

細細拆解生活經驗，
打造井然有序
且富有生活感的家

空間設計暨圖片提供｜十一日晴空間設計　文｜Celine

十一日晴空間設計

設計總監 沈佩儀

適當的斷捨離，不收納過多物品，讓空間
和櫃子保有兩成的留白餘裕，視覺上更為
舒爽，同時也要有意識地控制家中物品多
寡，才是對空間坪效最好的做法。

解決收納問題，首先必須了解業主的生活習慣和現有空間
的限制，我們觀察他們普遍遇到的收納困擾在於空間不足的問
題，關於這點，可以盡可能透過格局調整，尋找出還能發揮的
隱藏空間，例如在外部區域配置專門的收納區域——儲藏室。
一般來說只需要半坪大小就可以做出儲藏室，大型物品：吸塵
器、行李箱都能收好，保持家裡井然有序。

從生活動作、過往經驗考慮收納需求

除此之外，我們也十分著重業主回家後的生活動作，從進
門開始到生活的每個動線、使用習慣等等皆納入考量，舉玄關
為例，入門時總是會有鑰匙、發票或是一些零錢、剛從信箱領
取的信件帳單，這時候就可以搭配局部層板或是小抽屜，成為
隨手收納小物的絕佳場所。

另外針對喜歡料理、烘焙的業主，我們也透過他們的過往經驗和現階段、未來想購入的家電與餐廚道具詳細了解，尤其如果是經常使用的廚房，所需要收納的小物更是多不勝數，像我們近期有一位業主擁有各式各樣的烤盤、烤模，透過量身訂製的抽屜，讓這些烤盤、烤模不再交疊碰撞在一起，打開一個抽屜即可取用一個烤盤，讓收納更有條理。

廚具收納細節上，通常下櫃會儘可能使用高效率的抽屜收納形式，若新成屋建商贈送的基本款廚具不夠用，也可以增加活動層架去分類收納。至於上層或是中島吊架，通常建議以開放的展示性收納為主，可以放置拿取頻率高的鍋具、器皿，一方面又能增加生活感。

穿插活動家具，讓每個空間說不同的故事

相較於大量木作櫃體，我們在設計階段就會建議業主適當地運用活動家具取代木作櫃，有幾個考量，一來是木工裝潢成本高，能呈現出來的變化性也有限，若能好好挑選一件好家具，

室內實際坪數 27 坪且必須配置三房的
情況下，玄關入口處爭取出一個儲藏
的空間，當大型物品有了收納的家，
空間就可以維持整齊。

業主從日本購入的半腰櫃擁有細緻的
金屬腳設計，加上檯面以生活小物佈
置妝點，滿足收納之餘也能展現屬於
居住者的品味。

餐桌椅和牆面的二張櫃子都是業主的
舊家具，從空間色調上著手讓家具融
入，搭配層架擺放各種蒐藏，既有生
活感又不會過於凌亂。

不僅可滿足不同的設計需求，日後易於搬遷、延續使用，靈活性高且又
能創造活潑感。

　　因此我們通常會依每個案子、空間尺寸與屬性提出家具建議表，有
時業主也會自己尋找獨特的家具單品，我們適當反饋給予意見，提高業
主參與性，讓家具成為最後一塊拼圖，每個空間就能發展出屬於他們的
生活氛圍與故事。而只要運用活動家具結合木作櫃體的設計，為各種中
大型物品定位之後，對於業主的蒐藏、旅行紀念品就可以透過開放層架、
層板的作法，滿足陳列需求並營造生活感。

尋找設計與
生活習慣的平衡

空間設計暨圖片提供│木介空間設計　文│黃珮瑜

木介空間設計團隊

設計是對空間架構的整理與掌握，收納則是生活習慣的探索與建立，唯有不斷思考、創新、嘗試，方能讓收納深入設計精髓、落於日常實處，讓家的美好不僅是硬體與軟裝的粉飾，更是順手順心的回歸休憩。

談起收納，第一個聯想到的就是櫃體；無論是開放櫃還是門片櫃，彷彿只要有一個空間能把物品擺進去或藏起來，就完成了某種收納的「任務」。但要收什麼？怎麼收？收了又該怎麼放、怎麼拿？這類細節的生活習慣，往往成了設計完成後的盲區，卻實實在在左右了屋主對收納規劃的滿意程度。

生活習慣左右設計滿意度

對於受過專業訓練的設計師而言，釐清物品的分類或取捨或許不是一件難事。但對於以感性生活經驗來想像收納的屋主而言，可能就會變成一個籠統而模糊的需求概念。最顯著的例子就是，屋主常會跟設計師說：「我家雜物很多，所以需要足夠的收納。」但細究「雜物」一詞本身，會發現功能類別不同的雜物，其實需要型態、規格不同的櫃體來乘載。再深入分析，有人喜歡眼見為憑、好拿好取；有人講究視覺齊整，巴不得家無長物什麼都藏起來看不見。也因持續思考設計的本質，讓木

介空間設計團隊發現「生活習慣」才是影響設計滿意度的核心關鍵。

偕同整理師提升設計貼合度

木介團隊觀察市場上蓬勃發展的整理師行業，發現室內設計掌管的其實是大的空間架構，從格局、動線、採光，到氛圍營造、美感形塑，收納雖是其中一個重要環節，但更多的是為了統整進設計中，以成就住居者對美好未來的想像。但整理師卻是深入一個家的日常細瑣與龐雜中，抽絲剝繭地找到屋主真正順心順手的習慣模式。這個發現也推動了木介的新思考，

甚至在最新一個案例中，先請了整理師去與屋主晤談，並將取捨後的物件分門別類；一來先將預計添購的收納箱盒統整規格、數量，二來也能讓整理師協助團隊做出更精確的收納尺寸與樣態規劃。透過嶄新嘗試，打造真正量身訂做又能貼合習慣的家。

以生活為本亦能打造佳作

追問設計師本身對於收納是否有偏好，他坦言以封閉與開放兩種類別來看，他更傾向於開放設計。因為開放含有展示意涵，也是昭示屋主個人品味的良好舞台，相較於封閉收納的

開放含有展示意涵，也是昭示屋主個
人品味的良好舞台。如果整理得好，
住家也能如圖書館般賞心悅目。

合宜的收納連毛小孩也不能忽略，透
過鏤空的圓洞與櫃頂側邊貓台的銜
接，讓收納也平添了躲貓貓般的活潑
趣味。

透過先釐清物件的分類與取捨，再選
購顏色或規格統一的箱盒輔助，讓收
納可以深入細節處。

圍限，開放收納有更多線條展示的變化彈性，如果整理得好，住家也能
如圖書館或美術館般賞心悅目。不過，設計終歸是以人為本，化繁為簡、
好清理、易收納還是久居的長遠之計。不拘泥於理想的完美主義，木介
相信透過與屋主真誠的溝通，也定能取捨出美觀又實用的好作品！

回歸本質，
創造貼近生活的便利收納

空間設計暨圖片提供｜日作空間設計　文｜陳佳歆

日作空間設計團隊

日作 rezo

把使用動線和流程都釐清，再來規劃收納才會順手。如果空間條件許可，規劃一間儲藏室，預留彈性空間收納未來採購的物品，再搭配合理的物品收放方法，收納就會更為輕鬆容易。

身處網購時代，輕輕滑動手指就能輕鬆採購，線上消費帶來便利的同時，也不知不覺讓過多的物品壓縮生活空間，如果沒有良好的收納習慣以及收納規劃，久而久之家裡就會變得雜亂不堪。日作設計設計總監黃世光表示，家裡的物品如果沒有被收整在適當的地方，就會花更多時間找東西，這樣不但降低工作效率，生活步調無法自在從容，心也就難以靜下來，這個家就容易讓人產生煩燥感。想要做到好好收納，不再只是簡單的幾個櫃子就能解決，而是要對應現代人的生活模式，更進一步探究物品與使用者之間的關係。

物有所歸，跟隨動線，隨手可得

做好收納規劃首先要思考這件物品會在哪裡用？然後應該放在哪裡？東西收放位置關係到人的使用流程，也就是依照使用動線規劃收納，才能創造隨手可得的便利。舉例來說：如果坪數較小的家沒有儲藏室，從賣場買回家的衛生紙，收在廁所

附近的櫃子就更方便取用，跟隨使用動線規劃收納位置，無形中增加工作效率，會覺得收納沒那麼難。

大小有別，深淺有別，少堆少疊

解決生活常規物品收納需求，居家中也有不少會長期使用的東西，像是化妝品、保養品這類放在化妝桌鏡櫃裡的東西，或廚房裡調味醬料等，容易收納在深處而忘了拿出來用，因此存放這類小型瓶罐收納原則就是，規劃較淺的收納層架，深度最多只能放前後兩排就好，讓物品能輕易被看見，才能提高使用者使用意願，設計師黃世光說：「較深的收納空間放小東西容易造成堆疊，創造好拿取當下物品的動線，常常看到東西才會記得使用，就能減少無用垃圾的堆積。」

輕高重低，無崁可推，一間自由

輕的東西放高處，重的東西放在較低的位置是整放東西基本概念，而大型物件放在低處的收納設計上，要減少拿取時的阻礙才能提高使用意願；較小型零散東西的收納，則可以運用「先看不到再看到」的原則，在有門片的櫃子裡善用半透明收納小物整理，

先讓空間整體視覺整齊再做細項分類，才能保持空間整潔。同時，如果空間條件允許，建議至少留半坪或者一坪的儲藏室讓物品集中，因為無法預測日後要收整的東西大小，儲藏室可以預留收納空間彈性，不常使用的物品才不會堆積在活動空間裡。

瞭解收納習慣和邏輯，精簡動線提升坪效

在規劃收納空間之前，必須具體了解屋主每一個區域物品的收納數量、規格和尺度，尤其是衣服和鞋子。像是鞋櫃，要計算大人小孩各有幾雙鞋，鞋子型式，平底、半高筒、長靴的佔比，再依照工作和習慣決定鞋櫃尺寸和留多少臨時放鞋區。收納櫃尺度則要透過現有物品的量去模擬、推估收納空間，並且預留未來可能增加的數量，設計師黃世光說：「和屋主談論的過程若多一些好奇，可以發現一個人的生活習慣和邏輯，就能配合屋主生活去做最適切的收納設計。」

適切的收納設計包括最大化空間利用，現代人居住空間有限，做好收納規劃才能爭取更多生活空間，如先前所提到，依照使用動線規劃收納的

物品依照尺寸大小、類型分門別類收納，並且
簡化使用動線，不但提升工作效率，生活也就
更自在從容。

收納較零散東西時，可用「先看不到再看到」原
則，用有門片的櫃子讓整體視覺整齊，再善用
收納小物在櫃裡做細項分類收納。

同時必須精簡動線，設計師黃世光說：「理想的狀況是能在一條動線上完
成很多事，動線利用率提高坪效自然就提高，就能換取更多收納空間，
但仍要合理配置收納位置，依照先前所提到的收納方式，基本上空間已
經能維持一定的整潔。」

設計師黃世光最後表示：「有意識把生活變得單純，空間就不會太複
雜，收納設計只是延緩空間的雜亂發生，設計師儘可能設計最適切的空
間，但要如何使用仍交還給屋主自己決定。」設計師的工作是藉由設計引
導收納，但回歸到問題的本質要思考的是，如果採購習慣不變，再好的
設計，再多的空間仍是不夠用的。

收納，
幫家找回有序生活感

空間設計暨圖片提供｜構設計　文｜Fran Cheng

構設計負責人

楊子瑩設計師

收納設計不只是解決現在的生活需求，還
要預留未來的成長性。讓屋主住進來不用
捨東棄西，該有的東西都有位置可以放，
就能好好收，進而實現去家務化的裝修。

　　無論大房子還是小宅，構設計的空間總給人一種清新可人
的氣質，除了是因為格局、採光與空間色調均掌握得宜外，更
重要的是整潔有序的生活感，而這樣的設計成果絕對與設計師
有密切關係。對此楊子瑩認為：「現代人生活忙碌，上班回到
家也沒多餘精力整理居家，因此去家務化裝修是必然趨勢。」

好收，去家務化裝修第一步

　　想要利用裝修達到去家務化的成果，很重要的關鍵在於東
西要能好好收。楊子瑩承認：「自己就是個收納狂，而且喜歡
研究各種收納的設計，然後再針對屋主需求提供最合理的收納
規劃。」

　　為了找出屋主家最好的收納方案，楊子瑩習慣以引導的方
式來詢問屋主的生活習慣，例如：家人大約有多少雙鞋？回家
後外套或書包都放玄關或帶進房間？有沒有嬰兒車或特殊要收

納的物品？舊家房間衣櫥或更衣室尺寸等，藉由極細節的溝通，找出屋主的收納方式與櫥櫃需求量，並堅信只要讓每件東西都有歸處，而且可以順手放回去，家裡就不容易亂，自然可以達到去家務化的裝修。

收納空間約佔整體 1/5 最剛好

房價居高不下以及家庭人口簡單等因素，小宅成為房市主流，但是小宅屋主最擔心收納不足，做多又怕壓迫感，該如何拿捏呢？對此，楊子瑩認為收納不應喧賓奪主，畢竟空間主要還是要留給人使用，原則上可用室內 1/5 的占比來做為收納空間。也就是以 20 坪房子為例，大約留 4 坪做收納，

分配則以客廳（含玄關）1 坪、廚房 1 坪、更衣室 1 坪、儲藏室 1 坪，特別是走入式儲藏室收納效率較高，即使小坪數住宅也很推薦。若仍有不足，還可運用座榻、臥榻或和室地板櫃設計，爭取到更多收納空間。

多變化讓牆櫃成為風格焦點

收納櫃作太多不只讓空間有壓迫感，也讓生活與風格設計受到壓縮。因此，在遇有大面積牆櫃設計時，楊子瑩會酌加一些裝飾變化，希望透過櫃門材質、開放櫃與門櫃的比例分配，或是特殊造型設計來化解整面牆都是櫥櫃的印象，同時也達到美化與裝飾空間的效果。

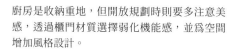

廚房是收納重地，但開放規劃時則要多注意美感，透過櫃門材質選擇弱化機能感，並為空間增加風格設計。

收納不宜超過全體空間的1/5，小宅若仍覺不足，可利用座榻或架高臥榻下方空間來滿足更多收納需求。

展示型收納在規劃時，除了內部隔板須注意未來的靈活可變性，造型外觀也應具設計感才能成為吸睛焦點。

此外，展示收納櫃的材質挑選也很重要，像是北歐風的書櫃會選擇木質；如果是要擺放琉璃藝術品就要用玻璃搭配燈光打亮設計；有些屋主有公仔收藏，須先了解收藏品內容再來挑選合宜材質與櫃體造型；甚至可以與屋主聊他們喜歡的商店或展示方式，藉此找到最合適的櫃體設計，這樣用心的設計也讓收納不只是解決生活層面的問題，更是裝修設計的極致化。

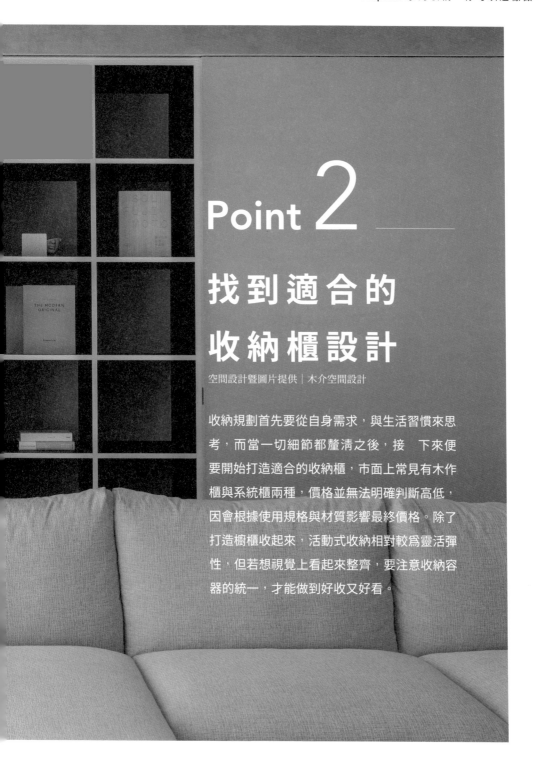

Point 2

找到適合的
收納櫃設計

空間設計暨圖片提供｜木介空間設計

收納規劃首先要從自身需求，與生活習慣來思考，而當一切細節都釐清之後，接下來便要開始打造適合的收納櫃，市面上常見有木作櫃與系統櫃兩種，價格並無法明確判斷高低，因會根據使用規格與材質影響最終價格。除了打造櫥櫃收起來，活動式收納相對較為靈活彈性，但若想視覺上看起來整齊，要注意收納容器的統一，才能做到好收又好看。

量身訂做，
完全貼合空間

空間設計暨圖片提供｜日作空間設計

收納是居家空間重要課題，然而要好看、符合收納需求，又要合乎空間條件並不容易，若還想進一步解決因櫃體尺寸不合產生畸零空間，和不夠平整問題，則應採木作打造收納櫃，不只可依空間條件、使用習慣來量身訂製，還能減少空間浪費，使用上也會更順手。

在了解木作櫃之前，首先要先知道室內設計中的木作是什麼。木作其實就是一種採用木素材來製作室內裝潢的結構或裝飾的技術，最常見施作在天花板、櫃體、牆面還有地板等地方。木作施工方式，是由木工師傅根據設計師的設計圖，然後在現場丈量後，再進行加工而成，造型上可配合設計圖做出特殊造型，或者彎曲等不同造型、裝飾，製作彈性相當大。

依個人需求打造收納

木作櫃大概施工流程是，木作→貼皮→上漆，木作櫃常用板材爲木心板或夾板，師傅通常會在現場丈量後裁切板材，接著組裝櫃體，最後再在櫃體表面做貼皮或噴漆作業，製作過程中，透過現場丈量，師傅便可依現場條件做細微調整，讓櫃體可以完全貼合空間，不過因爲製作過程較爲細緻，工期會比系統櫃組裝來得長。

木作櫃的報價，通常會以尺來計算，至於每尺多少錢，則要根據施工難度，和使用面材而訂，要特別注意的是，一般木作報價通常不含油漆。從預算面來看，有大量特殊收納需求、大量蒐藏的人，或對美感要

求較高的人，比較適用木作收納櫃，因為可以依據個人使用習慣、收納物品類型，來做好事前規劃，滿足收納需求，甚至進一步做出木格柵、特殊造型等設計，美化收納櫃融入空間風格，滿足實用同時兼顧空間美感。

針對需求，適當做出調整

木作櫃雖然優點很多，但價格偏高，所以想節省裝修預算時，很多人第一個放棄的通常是木作，但其實木作可塑性高，且能輕鬆解決畸零空間、空間不夠方正的問題，若從預算做考量，建議只要造型盡量簡單不要太複雜，亦或是結合系統櫃，局部木作施作，便可藉由縮短施作天數和難度，來達到精省費用目的。

至於一般人擔心木作櫃固定了，以後是不是就很難移動或者做改變？相較於內部層板比較彈性的系統櫃，和移動方便的現成收納櫃，木作櫃確實不易移動或改變，但其實木作櫃本來就是量身訂製，若有這方面的考量，應在事前告知設計師或師傅，如此便可依據需求做出相應的設計，以因應未來需求變化。

木作櫃可塑性高，可依據需求做出圓弧造型，讓櫃體既有收納實用性，也可以是空間裡聚焦的亮點之一。

▪ 空間設計暨圖片提供｜一它設計

整個收納櫃皆採木作打造而成，並利用木格柵與抽屜倒三角等細節設計，來豐富櫃體樣貌，並凸顯木作櫃的精緻與細膩。

▪ 空間設計暨圖片提供｜日作空間設計

大型白色收納櫃體其實是系統櫃，加入木作黑色木格柵，來讓系統櫃表情更豐富有變化，看起來也更具設計感。

▪ 空間設計暨圖片提供｜拾隅設計

混搭多種形式，達成節省預算與美感目的

過去系統櫃沒那麼普及，在進行居家裝潢時，大多是將收納櫃體列入木作工程，現在則是因為系統櫃價格較為便宜，而成為許多人的首選。

但在規劃居家收納時，最先要做的，應該是檢視自身收納需求，了解需求之後，再來選擇收納櫃體適用的製作方式。若喜歡木作櫃量身訂作的優勢，卻有預算考量，不妨加進活動家具、系統櫃做混搭應用，也是一種方式。

有聚焦空間目的的大型收納櫃，適合可做出造型變化多的木作櫃，若只是單純日常收納，不需特別造型的衣櫃、書櫃等，則適用系統櫃，至於較為小型且移動性高的櫃體，買現成的櫃子即可滿足需求。

組合多變，
更具多元彈性

空間設計暨圖片提供｜日作空間設計

進行室內納裝潢時，可能有人聽過系統櫃或系統家具，其中被人比喻為積木的系統櫃，不只可根據個人喜好、需求，自由堆疊和組合，還能依擺放物品大小，來決定櫃體大小，從而能更有效地利用空間。而也由於其組合特性，讓價格與空間有了彈性，讓人可根據空間條件及個人預算，來組合出專屬的系統收納櫃。

過去居家裝潢製作櫃體多列作為木作工程，加上系統櫃早期給人感覺較為廉價缺乏質感，因此木作櫃是居家空間主流，然而隨著現在人對居家空間的裝修預算與使用材料的重視，加上系統櫃的選擇也變得更多元，因此就慢慢取代了價格偏高，施工期又較長的木作櫃。

多元組合，滿足所有需求

系統櫃顧名思義，就是板材系統規格化，一般木作櫃板板通常是師傅現場丈量、裁切，系統櫃板件則是在工廠預先裁切好尺寸後，再送到現場組裝、施工，所需要的工時通常約只需要 1 至 3 天。除此之外，還能夠依照不同需求，自由調整櫃體組合方式，且板材有多種顏色與紋路選擇相當多元，因此可延伸出各式各樣的搭配方式，同時滿足多數人對收納空間和視覺美感的需求。雖說仍無法做到像木作的特殊造型變化，但可不斷重新組裝、重複使用，對環境友善，也比較能節省預算。

好的系統櫃，從挑板材開始

系統櫃是由板材組合而成，板材的好壞直接關係到櫃體品質，但在挑板材前，要先了解何謂甲醛含量。系統板材類型依甲醛含量分為 E0、

E1、E2、E3 級，一般稱無甲醛板材爲 E0 級，但 E0 級板材是指所含甲醛數值趨近零，並非眞的完全無甲醛，E1 級屬於低甲醛，在選擇板材時，要選用通過政府許可標準檢驗標準 E0 級與 E1 級的板材，才能確保入住安全且健康。

確認甲醛含量合乎標準，接下來則要依據板材硬度、外觀、防潮性選擇板材。系統櫃常見板材有：塑合板、木心板及密集板。塑合板（MFC）又稱系統板，是由碎木壓製而成，密實度越高、重量越重，品質越好，易於清潔維護，但受潮容易膨脹變形，承重力較低，不適用於大型書櫃、大型桌面等，尤其不建議使用於潮濕地方。木心板主要結構由實木組成，具優異的耐重力和堅固的結構，承重力較高，適合做爲廚房櫥櫃、書櫃、衣櫃。密底板又稱密集板或纖維板，由木材碎片打成細粉後再膠合而成的合板，握釘力和承重力較差，容易受潮。而根據不同板材特性，適用的空間也不同，因此務必選用適合的板材，才能讓櫃體發揮最好的功能。

隨興組合，展現美感與質感

過去系統櫃給人一種單調又廉價的印象，是因爲選擇較少，無法配合

利用中間鏤空設計，來改變系統櫃單調樣貌，同時多了置放物品的平台，可擺放書籍及屋主蒐藏品，讓整體美感更加分。

▪ 空間設計暨圖片提供｜日作空間設計

雖說是規格統一的系統櫃，但錯落配置讓畫面不顯單調，反而增添一絲趣味，而櫃體本身的木與白，則能為空間製造出清爽俐落感。

▪ 空間設計暨圖片提供｜日作空間設計

以玻璃門片、封閉式門片、開放式收納組合成櫃體立面，不只讓櫃體變化不單調，同時也能滿足隱藏與展示的收納需求。

▪ 空間設計暨圖片提供｜一它設計

不同居家空間風格，但隨著系統櫃發展越來越成熟，款式也越來越多元，不只早已跳脫單一無趣的印象，還能夠因應居家空間需求，利用不同色彩、質感的面板、五金配件，來做出多種變化，甚至還可依照需求增減櫃體面積大小與排列方式，讓畸零區域也能充分發揮效用。一般若不追求特殊造型變化，現在的系統櫃，幾乎可以滿足多數人的日常收納需求，而對重視裝潢預算的屋主來說，在費用掌控上也能更為精準。

活動式收納

預量尺寸、形色一統
讓家淨又美

空間設計暨圖片提供｜本介空間設計

想做好收納管理，可隨時移動、增減的活動型物件絕對是不可或缺的好幫手。但添購收納品並非隨心所欲；因爲收納說穿了就是一門系統性分門別類的學問。想要住家看起來乾淨整齊，又不失去個人特色，最好的做法就是先確立收納品用途及擺放位置，透過預先丈量尺寸給它一個家，再依空間主色調選購風格搭配的物件。

　　對於沒有請設計師規劃，以活動式家具擺設爲主的空間來說，大型的鞋櫃、電視櫃、餐櫃、衣櫃都是會影響動線、左右空間感的醒目存在。爲了不讓這些擺件大而無當，應反其道而行，先將主要的生活必需品及使用習慣確認下來，才能開始添購家具。舉例來說，電視尺寸是大是小？想懸掛或站立？電線要外露還是隱藏？平常看電視的時間多嗎？沙發與電視牆間的寬距夠嗎？又或者，衣服平常是摺疊？還是喜歡都懸掛起來？床單被套都怎麼收？會定期換季？還是冬衣夏衫混一起不會定期整理？諸如此類細節的問題都是需要一一釐清，才能在大家具定位時不會感到後悔。

中型籃、塑膠箱最好利用

　　大框架的收納品確認後，進一步就是做類別區分。喜歡開放式，不妨用格櫃搭配幾個收納盒做虛實交映。一來全開放容易落塵整理上較費心，二來有些零碎雜物也需要適度的遮擋，方能讓櫃面維持整潔。喜歡封閉式，也同樣要以中、小型收納籃將東西分門別類；主要原因在於籃子可以抽動整個移出，若是直接放於櫃內，翻找時就須先將前方物品移走，不慎翻倒還得重新整理一次。

此外，塑膠抽屜箱也是值得推薦的品項。因為它既可獨立堆疊，又可分次購買，對於現階段物品量較少或預算不充足的人而言，是能分段添購又不用擔心斷貨的品項。堆疊的箱子也能橫向銜接成檯面強化應用。

機動收納須注意分類及承重

具有滑輪的收納車也是推薦好物，這類移動型的收納品重點在於靈活度高，不論收什麼都很方便。但建議還是以同類別物品或單一功能為主，不要因為順手好推全都混成一車；雖然看起來很實用，但也往往成為視覺凌亂的來源之一。

而搭配掛勾、層板、收納盒等配件的洞洞板，因為便於做個人化分類，一躍成為收納新寵。

不過考量承重力，洞板還是以釘牆最為牢固，加上所有物品都外露，在分配版面時可多花些心思，避免產生頭重腳輕或左右不均的失衡感，也更能凸顯個人風格品味。

形、色、質統一撩亂少大半

收納品既是實用物件也是風格展示一環，因此在選購時首要原則就是規格跟材質、色調要統一。

開放的滑輪車建議擺放同類別或單一功能物件才不顯得凌亂。封閉型滑輪櫃則常用於書桌或檯面下也是收納好幫手。

▪ 空間設計暨圖片提供｜木介空間設計

開放式餐廚雜項多，除分類整齊外，亦可透過小盒、小籃將茶包、飲品拆分成隨手可拿的狀態，使用上會更便利。

▪ 空間設計暨圖片提供｜木介空間設計

層板空間可搭配中、小型收納籃分門別類；透過籃子抽移物品能整盒取用，也能透過材質差異變換不同空間風情。

▪ 空間設計暨圖片提供｜木介空間設計

　　這並不是指只能選購單一款式的產品，而是因為在局部區域視覺看得到的部分如果大小不一會顯得亂。

　　若以一座開放式書櫃為例，書櫃第一層可選用數個規格、色彩統一的收納盒並列填滿，下一層就算選得是另一種款式也會感覺整齊。簡單來說就是要有某種規律性。材質上，聚丙烯（簡稱PP）的塑料製品應用最廣，單價低，清潔也最方便。木質或籐編風格溫暖，但交接孔隙多較不易清理和水洗。布質伸縮性強，但硬挺度不若其他材質。鐵盒則有鏽蝕疑慮。

CHAPTER

3

空間實例

▸01
拉大量體尺寸
暗藏收納容量

Home data

坪　　數 ▸ 45 坪
家庭成員 ▸ 夫妻

空間設計暨圖片提供｜木介空間設計
文｜黃珮瑜

設計規劃的調整有時得依物件存在而變動。屋主希望於住家添購韓系品牌的敲敲門冰箱，但因該款式冰箱體積頗大，原有餐廚牆面沒有合適的容身之所，故而調整方位與玄關牆面合併，藉此降低冰箱對走道的佔用。此外，入門有穿堂煞的風水疑慮；因此於玄關、客廳間增設儲藏室，並將外牆改爲櫃體利用，使收納機能可以獲得大幅提升。

增設儲藏室後，中島與餐桌銜接的置放變得更合理；加上中島與餐桌後方原爲客浴及次臥入口，刻意利用 50cm 深的櫃牆將兩入口往前拉並包藏其中，再藉開放及封閉式收納共同構築牆面造型，故使開放式餐、廚場域更明確，機能統合也更完整。主臥位於電視牆後，原入口牆面過長形成坪效浪費；改造後將入口截短改與客房牆面齊平，再將劃分出來的牆面與邊角條紋屏風結合，順勢延展了電視牆尺度，讓客廳顯得更大方舒適。

奶茶色櫃牆造型、收納皆美

利用 50cm 深的櫃牆將客浴及次臥入口包藏其中，再藉由淺色栓木貼皮勾勒出如奶茶般溫潤色調。拱弧除了增添造型也讓視覺拉高，上開放、下封閉的處理，讓收納更靈活好用。

三類型收納讓機能更完善

將冰箱位置與玄關的穿鞋椅櫃相結合，藉此讓出足夠的走道空間讓餐廚動線更流暢。層板讓入門隨手置放更便利，抽屜櫃的分隔也利做帳單、口罩收納分類，令入門印象不會雜亂。

儲藏室內、外兼具收納巧思

入門有穿堂煞疑慮，故進入客廳前的過道增設儲藏室。如此一來，儲藏室外牆所設櫃體可劃分給玄關及客廳兩區利用，使收納機能大幅提升。

簡化陳設增添休憩品質

主臥已配備了更衣間，加上右側床頭臨窗，導致床位須向左擺放進而壓縮了走道寬度；故簡化床頭收納於一側擺放小櫃，另一側僅用吊燈妝點，以確保持空間清爽面貌。

一牆兩用讓收納精確不浪費

主臥位於電視牆後，將入口截短後，房外的牆面設有淺櫃與房內呼應，與條紋屏風結合則延展了電視牆尺度。天頂暗藏可伸降的投影器與布幕，少了影音設備的線條干擾，居所也能更清爽。

▸02
澳客風的開放、
悠閒與趣味

Home data

坪　　數▸33 坪
家庭成員▸夫妻
　　　　　2 小孩

空間設計暨圖片提供｜爾聲設計
文｜Fran Cheng

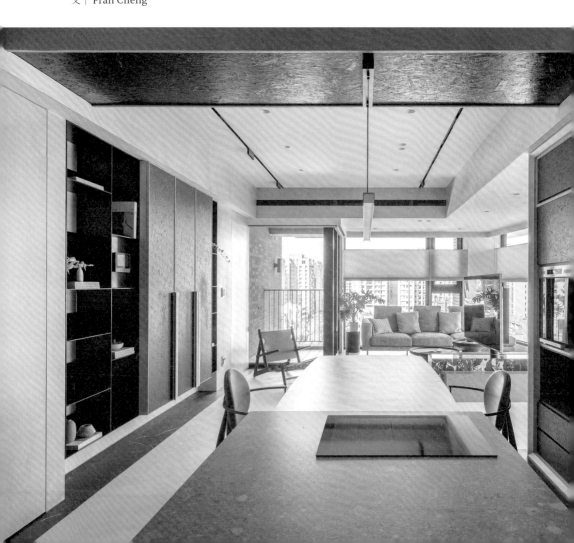

因爲想爲孩子打造更好的生活環境，屋主在房子預售階段就找到爾聲設計向建商申請客變，但交屋時家中又喜迎一位新生成員，因此，不只原格局打掉重練，同時隔間與收納也得重新規劃，所幸公共區仍堅持保留 L 型雙向探光，而原本明亮且開放的澳洲風格也維持不變。藉由一入門就能望見的戶外公園綠地，搭配室內大比例的樺木牆板、漆黑 OSB 板與石材、特殊塗料地板，輕鬆地圍塑出悠閒居家氛圍，無華的建材也散發澳洲氣息的原始自然感。

屋主說買房子時就是看上這建築本身被眾多落地窗環伺著，爲了保有這些探光面，在規劃收納櫃時刻意將櫥櫃遠離窗邊，轉而變成隔間牆櫃形式，並沿著公共區設計，因此，三間臥房的出入門也巧妙地隱身在這些牆櫃之中，讓公領域畫面整合得更爲簡約現代，既可確保不會因爲櫥櫃而阻擋了建築外牆的探光窗，同時拿取使用也很方便。

L 型雙面窗營造自然澳客風

首先讓 L 型開窗的客廳保有窗外公園綠地最大視野，接著將客、餐廳採全開放式設計，搭配環保木石建材，及隨興靈活的家具擺設，營造出通透、自然且具有更多生活趣味性的澳式風格。

親子閱讀書櫃與玩具收納櫃

在電器櫥櫃旁，作 90 度轉角側牆區被規劃爲親子閱讀區，除了中間有開放式格子櫃可放置孩子常看的書籍外，上方與左側有門櫃可收納物品，而考量孩子身高與方便性，將最底端規劃做爲孩子玩具收納櫃。

櫥櫃兼作隔間牆不擋住窗景

為避免櫥櫃擋住建築外窗，將屋內的衣櫥、櫃體都規劃在房間與公共區之間，既可以保留窗景與光線、也能兼作隔間牆，這也讓收納動線縮短。而主臥除了床尾衣櫥，沿走道也設有櫥櫃來補足更多收納需求。

多功能高低檯座取代電視牆

為保留更多採光面與開闊視野，客廳放棄傳統制式
電視牆與家具擺設，特別設計一座可旋轉電視底
座，讓觀看電視角度更廣角，同時底座設計為高低
檯面，可做為兩個女兒的遊戲檯面、閱讀座位區。

餐桌吧檯區實為收納重點區

看似通透的餐廳其實是收納重點區，除了中島前的
走道有全牆式門櫃，中島底座為收納櫃，後方則以
樺木與黑漆 OSB 板櫃門設計成ㄇ字造形大儲藏櫃，
也讓電器融入 60cm 櫥櫃中，中間檯面與抽屜櫃則
可放置咖啡機與備品。

玄關木門櫃內藏各種玄機

緊靠大門側邊一整排的木門櫃，其實依序為鞋櫃、
小孩臥室門、收納櫃與客浴前門，其中鞋櫃區因為
前端被管道間占用，導致深度不足，因此規劃為小
孩專屬鞋櫃，後段較深則可作大人鞋櫃，讓畸零空
間也能被完整利用。

書櫃結合臥榻打造書窩區，半展示層架不易堆雜物視覺更整齊

Home data

坪　　數▸40坪
家庭成員▸夫妻
　　　　　1小孩

空間設計暨圖片提供｜日作空間設計

文｜陳佳歆

喜愛閱讀的一家人，搬進窗景明亮、視野瞭闊的新居，期待伴隨著日光讓家成為全家人共讀的美好空間。女主人有居家辦公需求，此外，家中有許多物件及書本，需要大量收納儲藏空間，同時還要一間練琴房，因此公共空間的設計要能兼具生活與工作。

空間基地較細長，將主臥和小孩房配置在左右兩側，留出中間寬敞的公共空間分成三處閱讀區：包括用餐區、工作區和沙發書窩區。ㄇ字型工作區讓大人在工作的同時可以陪伴小朋友寫功課，也不互相干擾；書窩區以書櫃結合臥榻，收納全家人大量的藏書，大人小孩都能感受到被書香包覆的安全感，掛在移動櫃門上的電視可隨需求調整使用，同時在電視牆櫃門後規劃半展示功能的收納空間，因鄰近用餐區與廚房，可就近收藏餐瓷、茶具和酒品。

主臥室裡較大的儲藏間放置大型物品，多功能和室不只是練琴房，關起拉門後可變身成有獨立衛浴的客房，架高地板也暗藏儲物空間，將物品收整於無形。

開放空間以家具定義區域功能

公共空間是家人重要的活動場域，利用開放式格局、活動式電視牆設計，讓每個區域功能各自獨立也彼此交疊。

主臥室另闢靜心角落不被打擾

半高牆設計的主臥室背牆，一端通往靜心區，另一端通往更衣間。靜心區規劃可坐臥的桌椅和榻榻米，無論是打坐冥想或視訊會議都不受干擾，小孩子也喜歡窩在這裡與爸爸媽媽相伴入眠。

臥榻結合書櫃打造書香小天地

為了收納大量書籍,設計了一座結合臥榻的ㄇ字型書櫃,不但方便拿取書本也是一個有趣的書窩空間,大人和小孩都能窩藏在裡面享受閱讀樂趣。

活動電視牆兼具工作與休閒

搭配掛在活動櫃門上的電視,讓餐桌同時也是女主人居家會議區,電視牆櫃門後的半展示收納空間,可收藏品茶、品酒及餐瓷藝品。

運用拉門調整和室使用功能

多功能室以架高和室概念呈現半開放的區域，利用
拉門調節空間彼此連結關係，平常是練琴房，拉門
關起後，便可與客用衛浴結合成為獨立客房。

工作區開放中自成一隅天地

工作區以ㄇ字型書櫃結合ㄇ字型排列的書桌，使得
家人彼此靠得很近，但因視線互不交集，因此能專
注於工作和閱讀互不干擾。

04

大型儲物櫃、
儲藏間概念，
翻轉老公寓使用性

Home data

坪　　數 ▸ 28.5 坪
家庭成員 ▸ 夫妻
　　　　　1 小孩

空間設計暨圖片提供｜十一日晴空間設計
文｜Celine

座落於精華地段的老公寓頂樓住宅，不僅空間收納利用極需改善，同時還得解決壁癌、管線等問題。因此在設計之前，先更新水電、尋找漏水點、結構補強等等，接著進行格局調整與收納規劃，其中大幅動改動的地方包括將大而不當的主臥調整到剛好的尺寸，既擁有更衣室也配置掛衣區，可容納足夠的衣物收納也能維持套房浴室需求，另外的空間分配給小孩房與遊戲室，隔間採彈性分隔概念，現階段共用一房，日後則能分房使用。

除此之外，將廚房調整為開放形式，擴展空間尺度外，也創造出前後空氣對流、光線的傳遞，廚房更增加獨立的備餐櫃與儲藏間，廚具亦整合烤箱、電鍋與氣炸鍋收納需求。為延續屋主喜愛的美式與輕工業感氛圍，並考量舊家具搭配性，多選用重色調配置創造協調性，餐櫃的一側則規劃大型儲物櫃，讓收納統一倚牆，同時遮擋修飾電箱，藉由設計翻轉老屋的空間品質與使用性。

重整格局與收納規劃，獲取開闊尺度

四十多年的老公寓頂樓住宅經過大刀闊斧改造，延續業主喜愛的輕美式與工業氛圍，並重新依據需求、區域配置的收納機能，同時保有寬闊舒適的空間尺度。

147

圍繞綠意的帶狀角窗書房

格局重新整頓後,將書房調整到最佳角落,擁有 L 型帶狀角窗可眺望窗外綠意,也滿足疫情後在家工作需求,加上內推回來的小陽台設計,讓生活多了放鬆與喘息的角落。書房與客廳之間取消實牆,改通透的格子窗,打造視覺的延伸與放大性。

深木色與舊家具更為協調

考量需保留的舊餐桌椅風格與色調,新加入的木質色調顏色較為深沉,創造協調性,舊餐櫃上端增設木質層板,作為生活小物的妝點,左側另規劃大型儲物櫃,讓收納機能統一整合在廳區相同區塊。

更衣室結合掛衣區創造充足衣物收納

原本比例過大的主臥室調整成合理的空間尺度，除了配置更衣間，床鋪一側牆面也規劃掛衣區，給予充足的衣物收納，衣櫃並採用透光鋁框門設計，降低壓迫感。

櫥櫃、獨立儲物間滿足多樣餐廚收納

打開廚房隔間，讓光線與空氣得以對流，化解老屋中段較陰暗的缺陷。不只櫥櫃整合電器收納，左側拉門內更隱藏備餐櫃與儲物間，立面也結合洞洞板牆設計，增添生活感。

05

隱藏式餐桌
與斜切櫃體，
釋放狹長空間

Home data

坪　　數 ▸ 18 坪
家庭成員 ▸ 夫妻

空間設計暨圖片提供｜一它設計
文｜EVA

這間 18 坪的小坪數空間，原先入口有牆阻隔，客餐廳也相對狹窄，一旦擺上沙發、餐桌與櫃體，佈局與動線都會受到影響。因此先將玄關牆面拆除，順勢設置斜牆，圈出好用的三角地帶。為了善用畸零空間，採用雙層收納設計，第一層嵌入鞋櫃，鞋櫃安裝五金轉軸，即能旋轉開啟第二層收納空間，有效擴增儲物。

考量到僅有兩人居住，在狹窄的餐廳中改做隱藏式餐桌，平時餐桌能嵌入櫃體下方，維持廊道暢通開闊，需要時則能拉出，保有空間使用彈性。為了不妨礙動線，沿著餐廳兩側牆面設置層架與櫃體，同時將廚房轉角櫃延伸至餐廳，打造方便的早餐吧台。

主臥空間不大，因此架高地板作為床鋪，下方放置大型物品，而床頭安排整牆淺櫃，43cm 的深度正好能收納生活雜物，中央則刻意鏤空，方便安放手機、眼鏡或書本。床尾則留出電視機和機電設備和衣櫃的收納空間。

雙層櫃體，擴充收納量

玄關拉出斜牆，即產生三角畸零空間，特意運用雙層櫃體的設計，在鞋櫃安裝五金轉軸，能當作門片拉開，內部再安裝層板擴增收納，有效靈活運用。

151

櫃體斜切，弱化沉重感

客餐廳格局狹長，牆面置入高櫃，並採斜切設計，弱化櫃體壓迫感，避免擠壓廊道空間。同時開放層板暗藏燈光，強化局部照明，也能看起來輕盈有質感。

牆面、地板全做滿，完善收納機能

空間雖小，收納也要充裕，主臥床頭設置滿牆櫃體，床鋪上方特意鏤空，保留能收納手機、書本的平台。床尾增設電視牆，開放式層板與格櫃能減輕視覺壓迫。床鋪下方則架高地板，側邊搭配抽屜，擴增日用品儲物空間。

櫃體暗藏餐桌，兼顧收納與用餐

順應廚房 95cm 矮櫃，拉出轉角平台延伸至餐廳，能作爲早餐吧檯使用，也保有視覺的一致性。沿牆則增設吊櫃、斗櫃和開放層板，完善收納機能。台面下方則隱藏旋轉餐桌，保留彈性的用餐空間。

06

微調格局動線，
創造花藝工作區、
大型複合收納間

Home data

坪　　數 ▸ 46.5 坪
家庭成員 ▸ 夫妻
　　　　　 1 小孩

空間設計暨圖片提供｜十一日晴空間設計
文｜ Celine

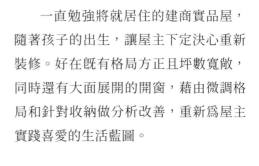

一直勉強將就居住的建商實品屋，隨著孩子的出生，讓屋主下定決心重新裝修。好在既有格局方正且坪數寬敞，同時還有大面展開的開窗，藉由微調格局和針對收納做分析改善，重新為屋主實踐喜愛的生活藍圖。

首先是原本僅有一字型鞋櫃和必須走到後陽台才能使用的儲藏室，一併利用入口的大量鞋區與儲藏空間予以整頓。另外，雖然原始廚房夠大，用起來卻不順手，於是根據屋主使用習慣做配置，將機能型高櫃往後推移、餐櫃平台可放置頻繁使用的小家電，充足的抽屜櫃則可收納瑣碎的廚房用具。

此外，因應業主喜愛花藝，透過改變書房入口位置換取一道可完整、雙面利用的牆面，型塑花藝工作區，也完成書房書桌的機能。而寬敞的主臥室則將空間重新整理分割，造型隔屏創造出私密性的緩衝中介區之外，一方面也增加深型衣櫃的掛衣功能。

半窗、推窗創造光線的流動

L 型廚具面對公共廳區，享有開闊的大面窗景也能看顧孩子，另外像是廚房的造型採壓花玻璃半窗、書房隔間的推窗，也讓光線能更加流動。

155

整合儲藏與鞋櫃的複合收納區

玄關入口重新劃分出一個獨立空間，整合大量鞋子收納及儲藏間，解決機能也讓動線更為流暢，壓花玻璃推拉門引入採光也達到不透景的隱約美感。

抽屜櫃、餐櫃提供分門別類的收納

L型廚具朝向開闊的廳區開放，充足的抽屜櫃收整細瑣的廚房物品之外，右側餐櫃平台則放置高使用率小家電，層板也能擺放常用的生活道具。

玻璃隔屏劃分緩衝區也擴充收納

主臥床頭位置經過調整,同時於房門入口處以造型
隔屏劃分出中介空間,除了多一層私密性之外,更
增加一個深型衣櫃的收納機能。

更動書房入口換取花藝工作區

更動書房入口動線,換得完整牆面打造成屋主的花
藝整理區,一字長型檯面方便處理花材,下方抽
屜、開放層架也根據使用習慣配置,實踐屋主的理
想生活。

07

微調廚房牆面，
爭取最大收納量

Home data

坪　　數 ▸ 17 坪
家庭成員 ▸ 夫妻、
　　　　　1 小孩

空間設計暨圖片提供｜拾隅設計
文｜EVA

高櫃搭配層板，滿足玄關需求

客廳運用灰色鋪陳天花與樑體，有助拉長視覺比例，形成一體的牆面效果。順應大門兩側分別安排高櫃與開放層板，鞋子、信件都能各歸其位，滿足玄關收納需求。

　　屋主一家三口居住，在維持現有兩房格局下，客廳、廚房空間相對受限，需重新調度收納。客廳主牆被大門截斷，不連續的短牆造成零碎的空間視覺，為了保有完整開闊立面，電視牆從天花至樑體鋪陳灰色勾勒出空間框線，形塑一體的視覺效果。樑下安排置頂鞋櫃，另一側則以電視牆串接，搭配淡綠色鐵件層板，放置信件、鑰匙，滿足玄關功能。沙發背牆則以層板與櫃格巧妙安排神龕與書本收納，擴增儲物量的同時，也不顯沉重。

　　考量餐廚空間小，部分牆面退縮，挪用小孩房空間嵌入電器櫃，同時外移冰箱，並以中島吧台串連。吧台牆面安排薄櫃、壁龕，藉此遮擋冰箱的同時，也多出收納杯盤的空間。吧台對側的短牆也不浪費，順勢設置茶水櫃，從料理、飲水到用餐，動線更順暢。主臥則沿樑下安排衣櫃，延續深色床頭半牆，改以黑玻櫃體連接，有效延展空間視覺，也能收納屋主收藏的玩具。

開放層架，兼具收納與神龕功能

由於屋主有神龕與收納書本需求，沿沙發背牆安排懸浮開放層板，爭取更多收納量的同時，也多了能放置神像的空間。爲了保障使用安全，層板離地 1 米 3，並僅安排 20cm 深度，確保起身不會碰撞。

挪動廚房牆面，櫃體嵌入不佔位

廚房空間深度不足，一旦安排櫃體就會擠壓廊道，因此牆面特意退縮，嵌入電器櫃，形成乾淨俐落的立面視覺。餐廚之間以拉門區隔，同時冰箱外移，與中島相連，再搭配茶水櫃，完善餐廚機能與動線。

櫃體與牆面一致色調，延展視覺

主臥沿樑下設置置頂高櫃，溫柔的奶茶色系爲空間注入柔和氣息。與床頭相鄰的轉角櫃則改以通透的烤漆黑玻，屋主收藏的玩具能一眼望盡，也與深色的床頭主牆相呼應，形成連續性的視覺效果。

書櫃與衣櫃並排

小孩房有著突出的角窗，空間相對不方正。順勢沿著窗邊安排櫃體，分別作爲衣櫃與書櫃使用，確保臥室機能完善。開放設計方便隨時取用書本，同時櫃體做到置頂，有效擴增收納空間。

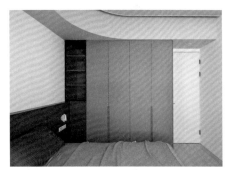

簡約療癒小宅，
內含海量收納
設計巧思

空間設計暨圖片提供│季沃設計
文│喃喃

Home data

坪　　數 ▶ 18 坪
家庭成員 ▶ 夫妻

小孩已長大離家,考量退休後生活,夫妻倆從原本 30 坪老公寓,搬到約 18 坪的電梯大廈。不過原來的五口之家,堆積了不少物品,但新家空間卻只有舊公寓一半,因此如何收納原有的大量物品,是本案最大課題。

首先,針對格局做調整,藉由釋出客房來擴大客廳尺度,同時也能引入戶外光線,解決原來缺少光線造成的暗房問題;封閉式廚房則改為開放式,並增加一座中島來擴充使用平台與收納空間,讓一字型廚房收不下的小家電等物品,有了適當的容身之處。

經過格局調整,在客房與玄關間多了可利用的空間,於是結合櫃體與儲藏室設計,將這個空間打造成主要收納區域,收納可根據面向空間,依空間所需功能,對應不同的收納形式,其中走入式儲藏室收納量,足以收進屋主家中大多數物品。除此之外,以座榻設計取代沙發,當一家五口聚集時,不只全家人可坐得舒適自在,同時還創造出更多收納空間,滿足收納需求。

收納整合集中,凸顯空間簡潔清爽

不希望大量櫃體壓縮空間產生壓迫感,採集中式收納,以達到兼顧收納需求與減少櫃體目的,同時也能有效簡化空間線條,打造出一個俐落又清爽的居家。

依空間需求決定收納形式

面向用餐空間,採用開放式收納設計,方便拿取隨手物品,也能陳列喜愛的家飾妝點,增添溫馨生活感,同時也賦予收納量體豐富樣貌,淡化量體沉重壓迫感。

加入巧思善用小空間

平台延伸到床邊位置，規劃成一個小小的化妝
區域，採用上掀式設計，平時可將化妝品、保
養品收起來，需要時只要掀開，便可變身成化
妝鏡，讓屋主在此梳化。

依據平時使用習慣的收納設計

原本應該做滿整的衣櫥，根據屋主使用習慣，刻意留下部分空間，針對不需立刻收納的衣物，改以層板、吊掛和收納盒來做規劃，既不浪費空間，使用上也能更靈活。

增加中島，廚房變得好用又好收

封閉式廚房改為開放式設計，不只拉闊小坪數空間感，藉由增加中島規劃，強化一字型廚房功能，多了工作檯面，廚房家電與備品也能收得下，而沒有了實牆阻隔，家人也更能增進彼此互動交流。

結合家具與收納雙重功能

小空間若要安排坐得下一家五口的沙發，空間會變得小又擠，因此改以 L 型座榻取代沙發，確保全家人都坐得下且感到舒適。另外，善用座榻高度與深度，搭配上掀、拉屜等方式，規劃成收納空間。

▶09

翻玩收納！
隨處可收好清爽

Home data

坪　　數 ▶ 32 坪
家庭成員 ▶ 夫妻
　　　　　 3 小孩

空間設計暨圖片提供｜構設計
文｜Fran Cheng

隨著孩子成長，原本合身的家逐漸變得太擁擠、家人也要互相遷就，於是在大兒子即將升國中前，屋主決定重新裝修，讓孩子有各自房間，同時也翻新屋況。因為不想花太多預算在格局變動，主要隔間大致不變，僅有二樓原有一房一廳改為兩間房，且將重點放在機能規劃與收納滿足。

由於一家五口東西不少，加上孩子小喜歡塗鴉，家裡一直很亂，所以收納方面先利用樓梯上方打造儲藏室，用來置放暫時性用品，樓梯下則作為書房區，再配合客浴增設儲藏櫃，讓收納與生活動線結合洗澡更方便。此外，孩子房都有各自完整收納設計，包包、外套、衣物都能回歸房間，不再亂丟在客廳。客廳因家人很少坐沙發看電視，決定以臥榻搭配懶骨頭，不但讓出更多活動空間，大家可依需求選擇合適位子，打遊戲、看影片或泡茶都好坐，搭配處處都有大型收納櫥櫃，讓客廳隨時維持清爽。

物品都能好好放客廳就清爽

以往大家回家就把東西丟客廳，現在除了大門左側主牆有大牆櫃，右側則有玄關椅、鞋櫃與展示書櫃，就連家人練劍道的長木劍都有專屬櫃，每件物品都好放的設計讓客廳變得好清爽。

臥榻取代沙發，寬敞好收納

客廳改以臥榻搭配懶骨頭取代傳統沙發配置，既可讓出更大的客廳給孩子們活動、玩遊戲，同時遊戲機設備可收納在臥榻中，340cm 寬的臥榻加上可移式桌几方便餐飲、架置投影機等，讓機能更完善。

畸零樓梯變書房與收納寶地

原本樓梯轉角只有層板收納與滿滿塗鴉，經過
規劃後在樓梯上設計儲藏室，下方則配合書桌
與側櫃變成爸媽的工作區，梯下斜角的櫥櫃與
面向餐桌、客浴區也配合作收納櫃，讓樓梯的
畸零格局變成收納寶地。

化妝區洞洞板收放常用包帽

在不增加空間負擔考量下,主臥床尾以簡約白色化妝桌複合斗櫃底座,搭配青蘋綠牆、圓鏡,營造出實用又雅緻的化妝區,牆面則以洞洞板、木質掛勾等收納常用帽子、包包。

床頭背牆增設櫥櫃、不壓樑

主臥除了側牆有衣櫥,考量床頭上方有大樑而將床位外挪,再將大樑下方規畫牆櫃,既增加收納量、也化解壓樑問題,而白色櫃門與木質床頭櫃、壁燈、內嵌櫃等設計更添造型美感。

不受電視綁架的 3.5 米收納牆

由於家中不常看電視,電視牆改採投影機搭配升降螢幕,因此可讓出更多牆面來增加收納櫥櫃,寬3.5米、高 2.2 米的牆面內分別被分類為鞋櫃、帽子、包包櫃,以及開放書櫃,搭配轉角魚缸來增加趣味、活化家庭氣氛。

以機能區分段
截長牆、增收納

Home data

坪　　數 ▸ 60 坪
家庭成員 ▸ 夫妻
　　　　　 2 小孩

空間設計暨圖片提供｜木介空間設計
文｜黃珮瑜

原空間是三房四衛格局，公共區最顯著的問題有二：一是開門直透落地窗，且牆面過長缺乏利用；二是廚房被實牆阻隔，與客廳連結較弱也失去開闊感。故先增設玄關區分內外，再增設儲藏室、書房合爲一個大的量體，使收納與工作機能得到滿足。而從書房至沙發背牆這一段牆面，除了在畸零角以層板搭配少量門櫃做收納，沙發後更以兩道50cm深的長板闢出展示區，讓相框、擺飾增加更多生活味。

廚房拆撤實牆後增加一座中島協助備餐，同時讓餐廚可整併爲開放式，大大提升烹飪環境舒適與用餐效率。餐廚牆面恰與玄關、儲藏室、書房三區所構築的路徑相應，無形中不但確立了餐廚範疇，也讓機能區彼此間的採光與互動更緊密。此外，電視牆後新增一個多功能室做彈性調度，且利用樑下規劃懸空的開放格櫃與層架，再次擴充收納量，讓簡潔美宅也保有充足的實用性。

彈性區擴增坪效、強化機能

電視牆後的多功能室以摺疊門調度彈性，讓採光與空間感不受阻。利用樑下規劃懸空格櫃與層架，確保了基礎收納，也不會佔用下方走道空間。

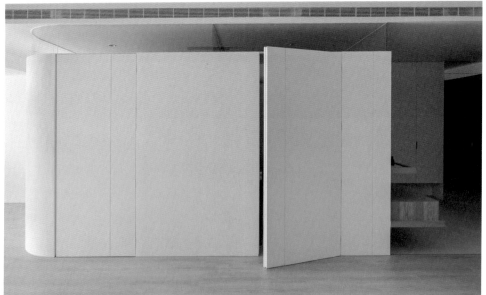

以門櫃保整潔、藉洞板增收納

玄關區以門櫃確保俐落，搭配倒弧角穿鞋椅增添實用。懸空手法不僅讓量體輕化，也留出穿、脫鞋時暫留置放的餘裕。落地鏡對牆鎖上洞洞板，讓隨手的提包、外套都能有棲身之處。

統合機能區化解動線冗長

一座面寬414、深度260cm的量體，將儲藏室與書房合而為一，並於天頂處保留玻璃隔屏化解採光缺失。儲藏室保持空置，目的在於讓屋主能以活動物件規劃出更合宜的收納。書房則以長條桌與邊櫃滿足機能所需。

白色中島與櫃體提升餐廚明亮

拆除實牆後，將建商附的電器櫃 90 度轉向，並新
增一座白色玻璃櫃與兩列層板，來削弱深色廚具厚
重感。以人造石製成的白色中島不但能擴展備餐檯
面，也是餐桌外小食、談聚的好所在。

長檯型設計讓收納更輕巧

以開放式層架收納可點綴空間活潑，由於是外露的
展示，使用者會更精挑細選，不會胡亂堆雜。電視
牆除將管線埋於牆中保持清爽，木色懸空櫃與玻璃
隔屏相映使牆面更大器。大片的留白使焦點能集
中，圓管雖僅是造型，卻也讓線條層次更豐富。

▸11
大型物件集中收納，
陳列式收納
打造居家藝廊

Home data

坪　　數 ▸ 40 坪
家庭成員 ▸ 夫妻

空間設計暨圖片提供｜日作空間設計
文｜陳佳歆

一對夫妻期待新居成為舒適寧靜的退休宅，由於平常只有倆人居住，格局規劃可以更自由無拘。女主人興趣廣泛，喜歡彈古箏、鋼琴和畫畫，平時也會下廚作菜；男主人也有不少蒐藏品，因此除了日常用品外，這些物品都需要好好妥善陳列與收納在空間裡。同時考量男女主人年紀漸長，空間也以無障礙需求來構思。

方整的空間規劃許多回字動線，相鄰的雙主臥兩側都有大開口並以通道串連，藉由拉門的開合調整空間開放度，廚房也有兩個出入口能進出，讓空間各自獨立卻不封閉，與居住者之間互動更自在。收納隨著男女主人的蒐藏與物件配置，玄關入門右側規劃儲藏室，在靠近女主臥旁也安排一間收納室，專門放置雜物與畫具。在每條動線上以深淺不同的層板陳列男主人的收藏品，讓居家猶如藝廊般展示藝品。空間透過開門即開牆的設定，讓夫妻倆適度保有隱私也能彼此照應，在熟悉的生活模式中找到新的生活步調。

彈性隔間保有隱私並交集互動

平時只有倆人居住的退休宅，在保有空間開闊感的同時，嘗試將私領域規劃得更開放，滑門取代實牆設計，創造更多生活上的交集點。

玄關儲藏室方便收整大型物件

入口玄關右側就規劃一間儲藏室，可收整行李箱、傘具等外出用物件，無把手隱藏門設計即使手上提滿東西也能輕鬆推開門。

廚房雙開口進出動線無阻礙

女主人喜歡下廚，藉由雙開口設計不但讓動線不受
侷限，保有開放與獨立空間的彈性，同時也能減少
料理時油煙飄散到客廳。

動線牆面收納櫃打造居家藝廊

男主人蒐藏品豐富，除了大型石頭及畫作之外，還
有許多小型紀念品和貓頭鷹公仔，因此在餐廳及廊
道等動線上規劃深淺不同的層板，讓蒐藏品成為裝
飾空間的一部分。

廊道連接雙主臥行動不受限

相鄰的雙主臥讓男女主人晚上能彼此照應但不干擾
睡眠，臥房兩側同時有雙廊道串連，成為生活流動
中的一個環節，大開口的房門如同一道可開的牆，
透過拉門調整空間的私密和開放。

▸12
開放層板、書架，
滿足藏書人的家

Home data

坪　　數 ▸ 27 坪
家庭成員 ▸ 夫妻
　　　　　 1 小孩

空間設計暨圖片提供｜十一日晴空間設計
文｜Celine

女主人喜愛設計類物件，且整理能力很強，能將物品收納得井然有序，再加上料理頻率高，對於廚房動線、收納相當在意。另一半則認爲書中自有黃金屋，所以不能丟書，因此必需有足夠的空間容納大量書籍。

原始配置的一字型廚房略小，稍微將牆面往左延伸，擴增側拉籃機能，小家電擺放位置，針對順手與便利性，將電器櫃整合於中島下側，搭配 MUJI 層架收整各種廚房小物。除此之外，中島前側也配置雜誌架、上側吊架來收納餐廚道具。來到公共區域，則是利用完整且橫跨客餐廳的牆面，依序規劃小型儲藏間，提供換季收納與大型用品，斜面門扇設計讓動線更爲流暢、也避免走道壓迫性。接著利用開放式層架滿足整理收納書籍需求，層架下側搭配 MUJI 的 PP 收納盒，整齊擺放孩子的玩具，另外沙發背牆、走道置入層架概念，提供女主人生活佈置，及少量書籍陳列。

開放式收納陳列，貼近業主需求

開放廳區沙發背牆規劃層架、餐廚之間的中島前側亦有雜誌架，同時加入上側吊架，提供書籍、雜誌與各種生活小物的收整與陳列。

衣櫃局部開放搭配整理盒更實用

因應屋主既有 MUJI 整理盒，主臥房衣櫃根據整理盒尺寸採用局部開放，避免門片鉸鍊干擾使用順手性，拿取也更爲方便。

中島結合活動家具擴充小廚房機能

根據屋主料理動線與家電擺置順手度詳細討論，在建商一字型廚具外增設中島廚區，賦予電器等收納之外，同時搭配活動層架家具擴增機能。

修整格局劃出家事整理與冷凍櫃收納

中島前側的雜誌架提供書籍與 CD 等收納，特意留白的牆面作爲屋主手繪與收藏小卡的陳列，獨特的花布簾幔通往家事整理區、陽台，整理區內則規劃了摺衣平台與直立式冷凍櫃。

收納倚牆而設，釋放寬敞尺度

利用完整的公領域牆面依序規劃出儲藏間、開放層架，提供大型用品與豐富藏書量收納。

三房老屋改兩房，
嵌入式櫃體
整合空間機能

Home data

坪　　數 ▸ 26 坪
家庭成員 ▸ 夫妻

空間設計暨圖片提供｜一它設計
文｜EVA

原本三房格局採光不好，空間也狹小。因此重塑格局，拆除一房釋放面積，鄰近客廳的一房則架高地板，並將隔牆改做拉門，隨時敞開的彈性設計，有效引入採光，維持公領域開闊視野。內部也增設衣櫃，放置寢具與衣物，保有臨時居住的客房機能。

為了滿足收納需求，玄關安排懸浮櫃體延伸至客廳，一體成型的設計同步整合鞋櫃與電視櫃機能，懸浮設計也巧妙弱化櫃體的沉重感，玄關與餐廳牆面並以洞洞板輔助，收納包包、衣物，到了餐廳則增設層板，改放書本、植物點綴。

考量到 U 型廚具排列下，廊道相對狹小，因此相連的中島刻意斜向設置，擴大廊道空間，一側則安排電器櫃強化設備與收納機能，不論是拿取餐盤、備料，轉身就能放在中島，有效縮短使用動線。

懸浮櫃體降低沉重視覺

原始三房改為兩房，釋放空間的同時，有效擴大採光面，自然開闊明亮。客廳順勢沿樑下、牆面安排櫃體與洞洞板，滿足多元收納功能。櫃體懸浮的設計則有效減輕量體沉重，簡化空間線條。

沿窗安排臥榻，暗藏收納機能

客廳沿窗設置臥榻，並從樑下到牆面四周鋪陳木作，形塑框景意象，勾勒出立體的空間線條，打造悠閒放鬆的角落。而臥榻下方也暗藏收納，採用掀板設計，打開翻蓋就能藏入生活用品。

嵌入櫃體，保留空間使用彈性

相鄰客廳的多功能房拆除，改以拉門區隔，平時能
全然敞開，有效引入大量採光，還原空間縱深。考
量到空間未來的使用彈性，嵌入木質櫃體，能收納
衣物、床鋪與寢具，滿足空間機能，也隨時能轉換
成客房使用。

洞洞板強化收納彈性

順應玄關與餐廳轉角安排洞洞板，一體成型的設計
有助延展視覺，也強化空間收納機能。一入門就能
隨手放置外套與包包，餐廳一側則能作爲展示收
藏、植栽使用。洞洞板能隨意調整收納位置，不論
要收納何種物品都方便。

斜向中島，料理與用餐兼具

廚房延續 U 型台面拉出 1 米 5 長的中島，同時加
寬桌面，能兼當早餐吧檯使用，具有備料、用餐的
機能。中島下方因應斜向設計而形成的三角畸零地
帶，則改做開放層板，方便收納餐具碗盤。同時增
設電器櫃與之相對，轉身就能拿取裝盤，打造良好
的收納與料理動線。

▸14
藉牆面增減、挪移
升級收納與開闊

Home data

坪　　數 ▸ 22 坪
家庭成員 ▸ 夫妻

空間設計暨圖片提供 | 寬月室內設計
文 | 黃珮瑜

原格局中，玄關的定位不明確且缺少用餐空間，加上又有實牆阻隔採光的問題，因此空間機能性跟明亮感不足。格局調整後，在玄關處安排了頂天但懸空的門片櫃收納，側邊還加裝了洞洞板隱藏電箱，不僅提升實用性，也化解了入門視線直透到底的尷尬。木與白交織的配色，讓入門印象變得明亮，也昭示了整體風格的簡潔素雅。

廚房拆除部分實牆並搭配玻璃隔間、拉門引進採光；同時還縮減了牆面長度拓寬走道，藉此爭取到餐區面積和電器櫃的置放空間，讓整個公共區能保持開放卻又各得其所。電器櫃背後銜接著通往私領域的廊道，此處以門片櫃做收納，捨去外顯把手能強化視覺俐落，也避免走道空間的浪費。而三間併聯的臥室位置維持不變，但將主臥及次臥牆面向右挪移；如此一來，主臥增加床尾的櫃牆收納，次臥跟書房的面積也能調整到合宜大小，讓日常使用更順心。

設玄關、縮牆面整併公共區機能

利用玄關高櫃阻隔入門視線，同時為餐廳區的範疇拉出框架定位。縮減廚房牆面長度並敲除部分實牆，再用玻璃隔間與拉門增加通透，就能同時達到引入採光和設置收納櫃體的目的。

高櫃＋洞板玄關收納不漏接

玄關利用及頂高櫃確保足夠收納量，而中段鏤空與底部懸空的規劃，則使隨手置放與出入穿脫鞋更便利。左側鋪設大面積洞洞板，除可強化機能也遮擋電箱，維持設計統整感。

留白與懸空讓主牆表情更大方

電視主牆利用灰色與淺褐搭配增添變化,並透過些微段差強化層次感。大量留白搭配懸空櫃輕化量體避免了視覺壓迫,也讓場域表情更乾淨。

挪移隔牆拓展主臥收納與空間感

三間併聯的臥室原本面積落差不大,但將牆面向右挪移後,主臥空間獲得釋放得以增加床尾收納,大面櫃牆設計簡潔,也讓動線與視覺都更加流暢。

統合收納櫃區位強化坪效利用

縮減廚房牆面後,讓出走道空間能增設電器櫃,同時也藉側邊櫃牆與玄關隔屏的配合拉出餐桌擺放定位。電器櫃背後以無把手門片櫃做收納,既能維持牆面俐落也減少了空間的閒置。

15

拆隔牆、併面積
統整收納好利用

Home data

坪　　數 ▸ 33 坪
家庭成員 ▸ 夫妻

空間設計暨圖片提供 | 木介空間設計
文 | 黃珮瑜

四房兩衛的住宅格局各區域尺度皆不大，為形塑公共區敞闊面貌，先裁撤與客廳相鄰的一房，再將廚房隔牆也移除，讓整個公領域能併合為完整的大塊面積。新設隔牆分割玄關與廚房，也讓懸空鞋櫃有了落腳處。客廳與玄關除以地坪材質區分內，還藉一座深木色造型櫃劃出界線，輔以電視下方的長檯抽屜櫃做形、色對比，揮灑出獨特又爽俐的牆面表情。沙發後以格櫃牆做端景，再立一道 90cm 矮屏埋藏電線插座，如此便能讓沙發有靠、書桌有依。

主臥內部同樣透過拆牆擴大面積，並微調了入口，將開門方式從推門改為拉門。原隔牆位置規畫一座梳妝與收納合一的胡桃木造型櫃。靠床側安裝了玻璃滑軌門，當門片拉上時能簡化牆面、避免收納物造成視覺撩亂。櫃側則貼上落地灰鏡讓穿搭更方便。櫃體後方全部採用白色門片鋪陳，並以挖空手法取代門把令牆面更簡潔。

矮屏＋格櫃定位書房區

透過裁撤書房與廚房隔牆，讓整個公領域能併合為完整的大塊面積，再藉由矮屏、格櫃的設置，讓客廳與書房機能做出劃分。

段差與虛實共構靜與美

客廳與玄關除以地坪材質區分內外，還藉著牆面與櫃體段差昇華層次感。格柵門櫃的沉穩細膩，與淺木色長檯抽屜櫃的素雅對比，在高矮、虛實間吟唱出專屬的風格小曲。

外移、截短隔牆強化收納坪效

將新隔牆位置往玄關方向推移，並縮短了牆面長度；如此既可爭取到廚寬裕的廚房面積、降低封閉，也讓玄關的鞋櫃有了落腳處。

白櫃襯底凸顯木櫃造型

梳妝台側邊層架方便取用物品,抽屜則能分類和遮擋雜物。櫃牆採用白色門片鋪陳,並以挖空手法取代門把令牆面更簡潔。

以玻璃拉門確保採光與實用

原隔牆位置規畫了梳妝與收納合一的胡桃木造型櫃。為使睡眠安穩,刻意安裝了玻璃滑軌門,既可增加採光,也能強化更衣隱私和降低視覺撩亂。

16

不只輕甜、
爆量收納也不怕

Home data

坪　　數 ▸ 32 坪
家庭成員 ▸ 夫妻
　　　　　 2 小孩

空間設計暨圖片提供｜構設計
文｜Fran Cheng

客廳山形牆多功能、好能收

以山為主造型的客廳收納牆，可放女兒們的讀物及各種學習課程的包包，解決以往手忙腳亂整理包包的問題；而山形牆櫃也為客廳增加活潑感，藍色小臥榻更是孩子們閱讀、歇腳的座區，也讓牆面更輕盈且多功能。

四口之家的夫妻與兩位好動活潑的小公主對於空間需求各有不同，所以，規劃時先要解決的是，提供在醫院工作、作息與家人不同的男主人獨立安靜空間，而女主人需要鋼琴房，孩子們也要學習書房。

所以先將主臥安排在最不受干擾的後段，讓爸爸回家可好好休息；而琴房則運用局部白色鐵件拉門作斜向設計，讓客廳視野與格局更開闊，同時大鋼琴也成為入門後第一眼見到的優雅端景。至於孩子們除了可在全家共用的書房唸書外，主要休閒活動空間則在客廳與自己房間，避免吵到爸爸休息。

以前租屋時總感覺收納空間不夠用，孩子出生後更是嚴重不足，因此，雖是第一次購屋，屋主很理性地提出收納需求，包括女主人想要的更衣間、孩子需要的大量學習用品包包收納櫃，為此特別在客廳設計山形收納牆，加上一座高收納效率的儲物間，讓家能輕鬆保持整潔、清爽。

斜向拉門打造通透的空間感

為了活化空間,犧牲一部分電視牆作成斜向鐵件玻璃門,但可讓客廳視線向餐區延伸變大,電視牆後方的琴房也因此展現通透感,讓人從外面就能望見大鋼琴,而且白色玄關櫃與電視牆之間不會顯得太壓迫。

兩房之間的畸零區作儲藏室

廚房本身無採光窗,所以琴房採開放式設計搭配鐵件拉門引入光線,再利用吧檯銜接廚房與餐廳,增加檯面外、也讓工作動線更順暢。在主臥與小孩房中間也利用畸零區規劃走入式儲藏室,可收納各種備品雜物。

粉色女兒房搭襯藍白收納牆

粉色女孩房為滿足雙人用的收納量，除了設計兩座
一樣規格的衣櫥，靠窗處還有兩座複合式櫥櫃，以
門櫃搭配藍色襯底層板櫃讓牆面更亮眼、輕盈化。
而天花板架設吊環、另一側也有攀岩牆可增加遊戲
區。

主臥配備更衣間更好收納

主臥特別規劃在較僻靜的邊間，除了讓在醫院工作
的男主人回家能安靜休息；也在睡床區與衛浴間中
間為女主人規劃化妝更衣間，既能創造更多收納
量，一站式動線也讓臥室的機能更完整、舒適。

白吊椅 & 藍臥榻讓客廳更 CHILL

客廳是全家人相聚共處的空間，除了山形收納牆提
供大量儲物與書籍展示櫃外，淺藍色小臥榻與白色
吊椅則是女兒們的最愛，讓客廳除了傳統看電視、
聊天外，也可在此看書、遊戲，較不會吵到爸爸休
息。

17

以斜角擴增收納、化解風水煞氣

Home data

坪　　數 ▸ 32 坪
家庭成員 ▸ 夫妻
　　　　　3 小孩

空間設計暨圖片提供｜寬月室內設計
文｜黃珮瑜

開門就直接看到陽台的穿堂煞問題，是許多屋主共同的風水煩惱。因此刻意將玄關斜切 45 度角作爲遮掩：一來能使視線延伸引導至沙發背牆；二來也因此增加了一間儲藏室，讓收納機能更完備。此外，在餐廚中島一樣選用帶圓弧的斜角款式，與窗邊的天花造型相呼應，也順勢達到轉移焦點目的。

公共區多半採用有門片的封閉型收納，除了能避免物品外露帶來的撩亂感，也是爲了與進入房間的隱藏門能相互搭配，讓場域能呈現簡潔又不失活潑的北歐風情。隱藏門不僅減少門片突兀感，視覺上也能放大公領域範圍。而四間臥房規劃不同風格的設計，除了滿足使用者獨特性，內部收納也以開放式層架搭配平台的方式爲主；既能讓物件在取用上可以更快速順手，也保留了更多搭配活動收納籃做細分類的彈性，同時還可省去門片的費用，滿足一舉數得的的優點。

用間隙讓櫃體添活潑、減厚重

鄰近落地窗的天花以弧形增添圓潤，也能與玄關設計搭配，達到轉移焦點目的。懸空的電視櫃不做滿，與旁邊的高櫃銜接時會因間隙而少了呆板，讓視覺留有呼吸餘裕。

斜角手法讓視覺延伸、強化收納

刻意將玄關斜切45度角,使入門視線能引導至沙發背牆化解風水問題。畸零角與櫃體連貫一氣變成儲藏室,讓空間利用不浪費。餐廚中島近似三角型,利用延展的線條讓餐桌有所依,也讓動線更順暢。

收納統整於床尾保持動線流暢

主臥床尾設置梳妝區,藉由抽屜與側邊格櫃滿足日常需求。主浴對向牆面規劃成更衣間,搭配柔和的間接光,讓挑選衣物時能更清楚的查找。

下嵌收納讓小房間也有大容量

小孩房將地板墊高改為下嵌式收納，讓床鋪可直接
平攤於地面上。床尾則將門櫃與開放櫃整合於樑
下，不但收納充足也化解壓樑的疑慮。

整併動線讓收納精確分配

與廚房接鄰的次臥更改了臥房入口並縮減面積，將
走道與收納整合於床尾，但藉由倒 L 型檯面來增加
使用方便性。床側則以深度淺的開放櫃提供隨手置
物的便利性，也增加垂直空間的利用率。

18

收藏法式生活的
珠寶盒美宅

Home data

坪　　數 ▶ 18 坪
家庭成員 ▶ 2 大人

空間設計暨圖片提供｜爾聲設計
文｜Fran Cheng

除了運用古典線板隨著動線勾勒出如影隨形的法式風格外，色調選擇以白為基底，搭配灰、紫色塊增加豐富度，再以各種金色元素營造畫龍點睛的效果，讓全室充滿浪漫氛圍。此外，這座專為女主人量身打造的浪漫小屋，更內藏強大收納與生活機能，讓家有如珠寶盒般盡收法式美感。

為了讓屋主大量的精品能好好被收納與管理，設計團隊打破傳統動線與格局，以毛胚屋況將餐廚區採開放式設計，並將客廳後方房間改以玻璃拉門結合木作造型櫃來取代傳統隔間設計，雙面櫃體除了讓客廳與更衣間的收納機能獲得最佳化；玻璃拉門隔間更為無採光面的餐廚區引入光源，回字動線也讓生活動線更自由。另外，電視櫃背後以木作設有收納床櫃，當有客人留宿時可關上玻璃門，拉下收納床作為客房，平日則可連同床鋪、枕頭與棉被一併收進牆櫃中，好維持精品更衣間的整潔俐落。

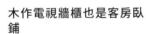

木作電視牆櫃也是客房臥鋪

女主人為精品達人，對於品味與收納要求均極高，除了將原本客廳後方房間改為更衣間，同時以玻璃隔間搭配木作雙面櫃，讓單面採光的格局能夠引入餐廚區，雙面櫃也能滿足電視牆、客房與更衣間多元收納的需求。

備品櫃與吧檯儲藏量超驚人

沿樑下規劃的備品櫃與吧檯藏有大量收納機能，除可收放乾糧與生活備品外，側面收放保健食品，層板櫃還可擺放茶具杯盤，清楚分類收納更能滿足屋主需求；吧檯下則可內嵌電器與抽屜櫃，整體收納量不低於小儲藏間。

動線移窗邊改造格局與採光

除了保留建商提供的衛浴間，原本兩房格局被徹底改造，搭配更衣間的開放及動線移至窗邊的設計，讓單向採光的室內變得更開敞，就連最內側的餐廚區也變明亮，灰色廚具搭配金色吊櫃與球型餐桌吊燈則添加輕奢氣息。

白色線板牆櫃內藏收納能量

臥房在床尾與床側處均規劃有大量牆櫃，連同天花板下也填滿疊櫃來增加收納量；風格設計先以白色櫃門降低壓迫感，再以線板搭配局部開放櫃，而金色五金與化妝圓鏡則襯出法式精緻效果。

動線上增加臥榻與貓咪專區

將原本兩間小房間格局重新思考，除了在電視牆後方設計收納床櫃，滿足屋主需要客房與更衣間要求，並將動線沿著窗旁規劃，搭配臥榻與檯面設計成收放貓窩、貓砂的貓咪專區，也為生活創造更多樂趣。

▸19

巧妙規劃收納動線，
找回開闊有序的生活

Home data

坪　　數▸36 坪
家庭成員▸夫妻
　　　　　3 小孩

空間設計暨圖片提供｜季沃設計
文｜喃喃

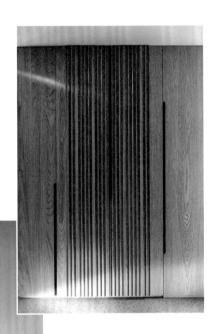

家會變得凌亂，有時不是收納空間不夠，而是沒有做好規劃，導致不利於收納，家自然也很難收乾淨。因此，本案在進行收納規劃時，除了要將一家五口的東西全部收好，另一個重點就是，全家人可以輕鬆隨手收納，讓維持居家空間整潔變得簡單，也能減輕主要收納者媽媽的負擔。

首先，不做大量櫃體，而是在廚房、玄關與客廳銜接處，以櫃體結合儲藏室概念打造一個收納區，由於結合多種收納形式，在面向不同區域時，便可依其屬性對應適合的收納方式，如面向玄關為收納櫃，便於收納鞋子；面向客廳則是走入式儲藏室，可收大大小小且形狀不一的物品。因格局關係餐廳離廚房有段距離，為方便取用餐具等相關物品，在此規劃收納櫃牆，藉由縮短收納距離，提高順手收納意願。看不到太多櫃體，加上刻意收斂線條，空間因而顯得簡約俐落，且給人舒適寬闊感受。

利用木素材轉移焦點，增添沉穩氛圍

在櫃體表面貼覆木皮美化，加上線條點綴，藉此淡化收納櫃體存在感，也能自然融入整體空間美感，觸感溫潤的木素材，則能為空間帶來溫馨居家氛圍。

隱藏櫃體變身玄關端景

若能融入整體空間設計，才能減少收納感，並成為妝點空間的元素之一，因此鞋櫃表面加入線條設計美化，藉此來隱藏收納櫃門片，淡化鞋櫃存在感，成為入門玄關端景。

收納極簡化，弱化空間狹隘侷促感

這是其中一間小孩房，規劃一個收納櫃，再延
伸出一個檯面，將此區打造成梳妝區，來滿足
上班族化妝需求，鏡子可收進櫃子裡，保持檯
面整潔，而由於空間不大，因此設計融入鐵件
吊衣桿，隨手吊外套等衣物。

拼入牆設計，畸零地也好用

採用櫃設計，來延伸牆面與電視牆拉齊，製造視覺平衡效果，同時也有效運用畸零地，櫃體外觀使用與牆面相同的特殊漆和隱藏門設計巧妙隱藏，減少線條干擾，讓空間更顯簡潔。

融入不同設計，讓櫃牆感覺更輕盈

還在學的孩子，不只要收衣物，還要收納書籍，因此牆面切成兩個部分，一邊是衣櫃，另一邊則是書櫃，刻意加入開放式收納與玻璃材質，來製造視覺變化，也避免櫃牆讓人感到壓迫。

多種收納形式滿足不同收納需求

用餐區規劃一面收納牆，用來收納用餐時的餐具及常用小家電，兩側採用淺色系淡化櫃體存在感，中段則利用深色系，搭配不規則層板變化，來製造聚焦效果，將收納轉化成空間吸睛亮點。

20
納入充裕收納，
空間轉換更有彈性

Home data

坪　　數 ▸ 20 坪
家庭成員 ▸ 夫妻

空間設計暨圖片提供｜一它設計
文｜EVA

僅有夫妻兩人居住，但需預留客房和小孩房，因此在客廳後方安排融入書房與臥室機能的多功能室。多功能空間以通透玻璃半牆區隔，維持公領域的開闊視野，又能圍塑獨立的私密空間，沿牆並嵌入衣櫃與開放書櫃，確保機能完整性。相鄰的餐廳則設置全白櫃體，中央輔以曲線的開放櫃，再鋪陳珊瑚紅點綴，明豔亮麗的色彩為空間注入生動活力。

至於客廳主牆則大量留白，設置輕薄鐵件與懸浮櫃體，視覺通透輕盈，也保有寬闊的空間效果。轉向主臥，雖有雙面採光優勢，但也少了充裕的牆面安排櫃體，在不影響採光前提下，沿窗安排木作矮櫃，鄰近的牆面則嵌入高櫃，獲得充裕的衣物收納。而客房空間較小，架高地板打造睡寢區域，而40cm的高度也多了大量的收納，平日能作為儲藏空間使用，需要時則能轉換成臥室，用途很多元。

珊瑚紅點綴，增添明亮氛圍

在全白空間基礎下，餐櫃巧妙點綴珊瑚紅，畫龍點睛的色彩為空間增添明朗生動氛圍。櫃體中央鏤空，保留茶水區方便使用，同時以鐵件層板分割櫃體，勾勒出纖薄細緻的空間線條。

懸浮櫃體不做滿，創造開闊留白

從玄關到客廳有一道寬闊主牆，爲了維持開闊視覺，電視櫃採懸浮設計，創造輕盈感，同時搭配鏤空鐵件與白色系，巧妙與牆面融爲一體，形塑大量留白餘裕。

增設半高矮櫃，擴增收納

主臥嵌入高櫃，與主衛入口齊平，維持一致的水平軸線。同時沿窗設置矮櫃，半高的設計維持雙面採光的優勢，引入明亮光線，也能讓收納更充裕。

架高地板與整牆櫃體,保有充足收納

客房架高地板,能作爲床鋪使用,40cm 高度也方便儲物。牆面則增設置頂高櫃,充裕的收納確保功能完善,平時能當作儲藏室,當親友來訪時,也能轉換成臥室,多元機能滿載。

完善收納機能,保有使用彈性

以玻璃隔屏圍塑書房,通透視覺能向內延伸,保有開闊寬敞空間感。玻璃交界處嵌入鐵件層板,擴增收納的同時,也巧妙隱匿切割線條。內部增設衣櫃與書櫃,讓書房能隨時轉換空間用途,未來使用更有彈性。

Designer data

一它設計

03-733-3294
iTDESIGN0510@gmail.com
360 苗栗縣苗栗市勝利里 13 鄰楊屋 20-1 號

十一日晴空間設計

TheNovDesign@gmail.com
116 臺北市文山區木新路三段 243 巷 4 弄 10 號 2 樓
701 臺南市東區東和路 146 號 3F

日作空間設計

02-2766-6101
rezowork@gmail.com
110 台北市信義區松隆路 9 巷 30 弄 15 號

木介空間設計

06-298-8376
mujie.art@gmail.com
708 台南市安平區文平路 479 號 2 樓

禾光室內裝修設計

02-2745-5186
herguangdesign@gmail.com
110 信義區松信路 216 號 1 樓

季沃設計

02-2366-0200
info@zwork.com.tw
110 台北市中正區金門街 34 巷 20 號 1 樓

拾隅設計

02-2523-0880
service@theangle.com.tw
104 台北市中山區松江路 100 巷 17 號 1 樓

構設計

02-8913-7522
madegodesign@gmail.com
231 新北市新店區中央路 179-1 號 1 樓

爾聲設計

02-2518-1058
info@archlin.com
104 台北市中山區長安東路 2 段 77 號 2 樓

寬月室內設計

080-055-5848
kuanmoon0800@gmail.com
台北市信義區虎林街 108 巷 138 號

收納設計基礎課

2024 年 03 月 01 日初版第一刷發行

編　　著　東販編輯部
編　　輯　王玉瑤
採訪編輯　Eva・Celine・Fran Cheng・喃喃・陳佳歆・黃珮瑜
封面・版型設計　謝小捲
特約美編　梁淑娟
發 行 人　若森稔雄
發 行 所　台灣東販股份有限公司
　　　　　＜地址＞台北市南京東路 4 段 130 號 2F-1
　　　　　＜電話＞(02)2577-8878
　　　　　＜傳真＞(02)2577-8896
　　　　　＜網址＞http://www.tohan.com.tw
郵撥帳號　1405049-4
法律顧問　蕭雄淋律師
總經銷　聯合發行股份有限公司
　　　　　＜電話＞(02)2917-8022

收納設計基礎課 / 東販編輯部作.
　-- 初版 . -- 臺北市：
臺灣東販股份有限公司 , 2024.02
216　面；17×23 公分
ISBN 978-626-379-281-4（平裝）

1.CST: 家庭佈置 2.CST: 空間設計

422.5　　　　　　　　　　　　113000889